YOU SHOULD HAVE BEEN WORKING LIKE THIS

你早该这样打拼职场

升职路线图

刘 峰◎著

SPM
南方出版传媒
广东经济出版社
—广州—

图书在版编目（CIP）数据

你早该这样打拼职场：升职路线图/ 刘峰著 . —广州：广东经济出版社，2016. 10

ISBN 978 - 7 - 5454 - 4834 - 4

Ⅰ. ①你… Ⅱ. ①刘… Ⅲ. ①成功心理 - 通俗读物Ⅳ. ①B848. 4 - 49

中国版本图书馆 CIP 数据核字（2016）第 223277 号

出 版 人：姚丹林
责任编辑：蒋先润
责任技编：许伟斌

出版发行	广东经济出版社（广州市环市东路水荫路 11 号 11 ~ 12 楼）
经销	全国新华书店
印刷	广州佳达彩印有限公司 （广州市黄埔区茅岗环村路 238 号）
开本	787 毫米 × 1092 毫米 1/16
印张	1 3 1 插页
字数	191 000 字
版次	2016 年 10 月第 1 版
印次	2016 年 10 月第 1 次
书号	ISBN 978 - 7 - 5454 - 4834 - 4
定价	38. 00 元

如发现印装质量问题，影响阅读，请与承印厂联系调换。
发行部地址：广州市环市东路水荫路 11 号 11 楼
电话：（020）38306055 37601950 邮政编码：510075
邮购地址：广州市环市东路水荫路 11 号 11 楼
电话：（020）37601980 营销网址：http://www.gebook.com
广东经济出版社新浪官方微博：http://e.weibo.com/gebook
广东经济出版社常年法律顾问：何剑桥律师

序：职场江湖　八步登顶

有人的地方，就有江湖，职场就是现代人的江湖。从大学毕业后懵懵懂懂地进入职场开始，等过了五年、十年、二十年之后，我们从开始的一般员工做到中层、高管，职场一直伴随着我们到老（创业者除外），是我们安身立命之所。“天下熙熙，皆为利来；天下攘攘，皆为利往”，职场是一个充满着光荣与梦想，名利与欲望的江湖。这个江湖时而风云突变、波谲云诡，让你感觉到危机重重、杀气临门；时而波光湖潋、风光旖旎，让你身心愉悦、志得意满。对于大多数人来说，人在江湖，身不由己，身处职场却不知道自己的定位，人云亦云、随波逐浪，终是一事无成。而只有极少数人能杀出重围，成就自己的一番事业。

刘峰兄显然就是这些“极少数人”中的一个，遥想当年他怀揣 300 元大钞南下广东淘金，从一个厨子做起，努力学习、天天向上，经过多番努力，先后服务过祥发集团、南方李锦记、韦邦集团、大业集团等知名企业，历任人力资源总监、总裁助理、区域管理部经理、副总经理、总经理等职，最后成功地完成了从职业经理人到老板的转变，现在他已经是几家公司的董事长。从其丰富的人生经历就可以看出，那真是“天将降大任于斯人也，必先苦其心志，劳其筋骨，饿其体肤”。只有经历过人生的痛苦与磨难，才能更深刻体味成功之艰辛。正因为自己在职场上摸爬滚打一路走来，其中也走过不少弯路，为了给后来者以借鉴，刘兄才编写了这本书。

在本书里，刘兄将其十余年的职场经验绘制成了一张“升职路线图”。他将职场过程中的关键节点总结成八步，并将理性的总结及感性的故事融合在一起，从第一步的“心态决定成败”到最后一步的“赢在职场，做心想事成的自己”，他以过来者的身份娓娓道来，语言朴实而不失幽默，浅显而富于哲理，我们仿佛在听一个长者的聊天而收益良多。比如书中提到的识人的技巧、管理的能力、沟通的方法，方便实用、直接有效，让人耳目一新。那些在日常工作中常被忽视的细节，经作者别具匠心的点拨，顿时使人有恍然大悟之感——原来职场是这样的。作者不断地强调在职场中我们要换位思考，透过作者对不同职位的人的描述，我不禁想起自己在国营、民营企业工作时的境况，当时的血气方刚与年少无知，让自己走了不少的弯路。如果十年前笔者能有幸读到本书，是不是自己的职场之路会重新改写呢？

而对于职场中的诸多是非及尔虞我诈，作者也采取了实事求是的态度。比如，对于是否要拍老板的马屁，作者这样说：“很多人会问，如果老板喜欢爱拍马屁的人，难道我就要委屈自己，学着去拍马屁？很不幸，我会告诉你，答案是肯定的，你一定要学会拍马屁，否则吃亏的是自己。但要声明的是，我不是教你一心只拍马屁。中国有句成语，叫外圆内方，用在人际交往上，就是说你与人相处要学会妥善处理各种关系，但不可因此而失去了内心的准则，否则就变质了。”作者一方面要我们直面职场上的诸多潜规则，以防自己被暗箭所伤，另一方面却拒绝“犬儒主义”，坚持“外圆内方”的处世原则，在“坚持自我”及“适应外部环境”之间，保持适度的平衡。因此作者笔下的职场江湖，是一个丰富多彩的世界，一边是沟通术、识人术（相当于武林中的拳术、剑术）等这些外在的技巧，一边是职业道德、理论修为（相当于武林中的气功、武德）等这些内在的修养。内外兼修，才能真正做到八步登顶、赢在职场，成就一生的事业。

从一般员工到高管的距离有多远？对于一些人来说，可能是一辈子，而对另一些人来说，只需要短短的几年时间。“八步成就职场达人”，作者告诉大家的，只是一个职业人成就大业必须经历的八个步骤，至于成不成功，还得看各位的天赋与努力。这就相当于武林高手要学得绝技，就必得先打通任督二脉，这本书就是告诉大家怎样打通职场的任督二脉的。至于怎样打通，大家还是自己看书吧！

资深媒体策划人　陈皮

2009年12月

自 序

我崇尚生命的伟大，生命的使命在于创造价值和体现价值。除了含着金钥匙来到这个世界的生命之外，更多的生命从步入人生舞台到生命的终结都将布满荆棘和苦难。20 世纪 60 年代和 70 年代的职业经理、白领、金领经历坎坷，在风雨飘摇中谋得一席之位，却羡慕 80 年代后的人。其实 80 年代后的人固然吃苦少点，但高速的信息时代，竞争的压力之大，令多少年轻人举步维艰，职场里的拼杀不亚于任何一场惨烈的战争。

每个人都有自己的追求和梦想，每个人都想成为人上人，可是现实的残酷让更多的职场人面临专业技能、心理素质等诸多挑战，精神和物质的统一变得越来越遥远。

生命充满着奇迹，没有多少人会意识到生命的伟大和不易。南方人和北方人在年龄计算中最大的差异就是北方人从来都是计虚岁的，而南方人会忽略在娘肚里的十个月！殊不知生命的起源是由多少个万万分之一的机会，才让你在十个月的母体里成就为一个人。有一个朋友告诉我说：女人的一生只能排卵四百次，这是创造新生命的机会。女性的大脑中有一个小小的腺体——脑下垂体，它会通知卵巢释放卵子，而从那时起，卵巢将会月复一月重复着这一过程。其实几十万的卵细胞（装卵子的口袋）中，最终只有一个卵细胞能发展成熟，是哪一个卵细胞被选中，只有上帝才知道。因为卵子在排卵后 24 小时，是精卵结合的最长时间限制，过了这段时间，卵子也只好独自等待死亡。生命也因此变得伟大而崇高！

从婴儿的呱呱坠地，到啼哭、到语言、到行为、到意识、到思想、到毕业准备走向社会，这都是为以后创造价值作铺垫。走向社会，步入职场，才是真正人生的开始，可是无数朋友的职业生涯历经坎坷，一路风雨，却最终也没能看见彩虹。笔者走了很多的弯路，现在大言不惭地可以说见到了彩虹，但其间的酸甜苦辣只有自己知道。我经常在讲课时说道：假如当年在职场有一盏照亮前路的灯，我不至于现在才看到光明，希望我的学生和在职场里打拼的仁人志士能找到自己的坐标和位置，希望更多在职场里踌躇满志的英才们能发挥自己的特长，创造更多的价值。

本书是笔者日积月累的职场历练心得和阅世感触。笔者多年一直致力于人力资源管理研究，本书结合大量真实的经典事例，以及充满智慧的故事和深入浅出的道理，生动阐述了职场的生存规律。当然，在撰写的过程中也不免博采众长，引用前人的一些研究成果，在此一并致谢。从步入职场的职业人，到职场中层管理者，以及到最后成为真正的职业经理人后，未来如何规划等一系列成长的历程，笔者以过来人的身份作了比较详尽的论述，希望可以帮助大家在职场中运筹帷幄、出奇制胜。

我把《升职路线图：八步成就职场达人》一书献给那些在职场里迷失方向，苦苦寻找希望之灯的朋友们，希望你们在职业的路途中走得顺畅，走得执著，走得欢快，走得成功！

刘　峰

2009 年 12 月

Contents 目录

第一步　心态决定成败

心态变则意识变，意识变则行为变，行为变则结果变，结果变则命运变。步入职场的第一件武器一旦没有握在手中，后面的战争你唯有……

第一节　没有理由不快乐　/3

第二节　职场向左，消极向右　/6

第三节　助你成功的十种心态　/9

第二步　改变一生的职场规划

要清楚地审视自己的优势、劣势、机会、威胁，选择适合自己发展的行业，女怕嫁错郎，男怕入错行，一步走错，百步难回，这一步可千万不要错

第一节　兴趣是最好的老师　/26

第二节　优势与劣势的结合　/28

第三节　将梦想照进现实　/31

第三步　初入职场全攻略

聪明的销售人员能把一块最普通的石头卖出去，要具备把自己高价卖出

的能力，如何通关，成功进入职场……
第一节　面试的形象包装　/40
第二节　面试的语言包装　/45
第三节　职场的经验包装　/57

第四步　你一定要掌握的识人术

人有千种，要了解你的对手才能胜出，只有了解对手的性格模式，才能有效克敌
第一节　浅析四色性格　/69
第二节　四色性格的相处之道　/83

第五步　做最好的管理者

第一种人用脖子以上赚钱，第二种人用脖子以下赚钱，只有第三种人获得成就的机会最大，因为他们在用别人的脖子帮他们赚钱，要学会管理自己还要管理别人的脖子，你不劳心劳肺，那才叫见鬼了
第一节　管理是工具，协调放第一　/103
第二节　团队靠激励，执行是目的　/115
第三节　老板要效率，个人要实际　/130

第六步　沟通是职场的通行证

见人能说人话，见鬼能说鬼话的人，到哪里都有一张通行证，得到这张通行证，需要艺术，更需要……
第一节　“沟通”是职场不可缺少的王牌　/144
第二节　运用沟通王牌，职场左右逢源　/157

第三节　金口玉言，所向披靡　/167

第七步　搞定办公室政治

职场不是自己家，可千万别以为可以为所欲为，没有几套拳脚的真功夫，说不定哪天就给别人废了，君子是害不了你的，就怕每天对你满脸堆笑，净在后面琢磨你的小人，小心驶得万年船啊。……

第一节　风云突起，谁主沉浮　/178
第二节　厚德载物，宁静致远　/181
第三节　低头拉车，抬头看路　/185

第八步　赢在职场，做心想事成的自己

一个真正的男人应该有足够的勇气闯进暴风雪，风雪过后令爱他的女人提起他的名字就能哭出声来。……一个真正的高管，在职场里策马扬鞭，纵横四海，走到哪里都是一种辉煌……

第一节　能力铸造，金盔铁甲　/192
第二节　借船出海，乘风破浪　/195
第三节　如日中天，风生水起　/197

第一步　心态决定成败

自己乃千里马，而伯乐却不知，何为？上中学的时候我就有这样的想法，到今天都没有改变过。每个人都有自己的梦想，没有一个人不认为自己是最棒的，因为人总是会习惯性地把自己看得很高大，即使那些自卑的人，其实内心深处也掩藏着自负。可是现实是残酷的，那些能真正看清楚自己，并能按自己的能力去定位自己的职业生涯的人，其实只是少数。一个人一生中会犯很多低级的错误，但是绝大多数人都能轻易地原谅自己，因为这是人性的弱点，通常刚进入职场的人，自我膨胀的心理和社会的差异相对都比较大。记得2000年受邀前去湖北教育学院讲一场课，课题是“现代人力资源管理与就业指导”，当时的院领导反复告诉我现在学生最大的问题是不知道职场的风云变幻，不清楚自己的定位，好高骛远，最好能给他们一个先就业后择业的理念……我后来讲课除了讲职场，更多的是强调职业心态。大家都知道心态决定一切，可是说得容易，做起来真的很难。我有一个非常要好的朋友，因为婚姻的变故和种种原因，一直处于郁郁寡欢的状态，食欲和身体都非常的不好。有一天，我去看她，家里没有水喝，我顺手拿起一个杯子里仅剩的小半杯水喝起来。她说杯子里已经没有水了，我笑笑，幸好还有一口！她笑了……这体现了两种不同的心态：一个说“没有水了”，而另一个说“幸好还有一口”，前者看到的是悲观的结果，却没有看到结果后还存在的希望，后一句话听起来很简单，而且说得也很自然，然而人生的希望及快乐就蕴藏在其中！

第一节　没有理由不快乐

步入职场的人，心态摆在首位。所谓心态决定成败，是因为一个好的心态，让你能从容面对日益激烈的职场环境：在失败时能苦中作乐，迎难而上；在成功时能够沉着冷静，看清未知的风险。无论是成功还是失败，在任何时候，都要让自己开心。这绝不是一句虚无的大白话，而是实话。人来到这个世界已经很不容易了，对这个社会，对我们周围的亲人、朋友，应该常怀感恩的心。有人问我为什么总是那么开心，我经常引用我家里的一句方言说：“我是那种喜欢买个烧饼揣怀里，自己哄自己的人！”我时常也会问朋友，能让自己快乐的人是谁？答案是——快乐是自己给自己的。步入职场，你想一开始就飞黄腾达是不可能的，因为罗马不是一天建起来的。

我还清楚地记得自己1993年只带300元来闯广东的情景。那时候的心态非常的乐观，虽然贫穷但快乐着，想法也很幼稚，以为广东遍地是黄金，遍地是白银。到这一看，鬼话！当时带的300元还是借的，半个月都找不到工作，连吃饭都成问题。那时和几个南下准备打工的朋友住在一个先来广东打工的朋友的租赁房里，白天去转悠着找工作，晚上一帮人聚在一起了解广东文化。如果白天不找工作的话就被朋友锁在家里，因为那时候查暂住证查得非常的严，无论是白天还是黑夜。记得有天晚上深夜，我们刚刚入睡，门外传来山响的敲门声，吓得我朋友扑腾一下就从床上跳了下来，声音急促地说：“快起来，查房的来了！”睡梦中大家乱作一团，那是我人生最尴尬的一个夜晚，所有的人都在摸黑找自己的衣服。我慌慌张张的一只腿怎么也找不到裤腿，那只不听话的腿总往那只已经穿上的裤腿里钻。门打开，灯打亮，进来四个凶神恶煞的男人，看看我们这帮人，一个个脸带惶恐，衣服穿得狼狈得没办法形容。有的穿了一只袜子，有的连裤子都没有穿，查房的人让我们分别拿出自己的身份证抓在手里，让我们每个人都报出自己的出生年月日。幸好我从娘肚子里出来的日子还记得，有一个朋友结巴着半天还没说出来，被狠狠地踹了一脚。先来广东的朋友告诉查房人，我们是刚来的，还拿出我们南下的火车票。可能感觉我们是良民，他们叫我们第二天去办暂住证。之后就准备下楼。被踹了一脚的张姓朋友，想讨回点面子，说了句：“你们亲自走啊？”四个查房人扔过来一句白话：“×你个老母，你想死啊！”吓得他目瞪口呆！查房人刚走，我们哄堂大笑，再也无法入睡，大家嘻嘻哈哈地聊到天亮。

那时候被锁在屋里的滋味非常的难受，身上的钱已经所剩无几了，在房间里只能煮少盐无油的白水面条，半个月下来我的脸都快变成面条脸了，看见面条像看到了仇人……最后为了先活下来，再也不吃深恶痛绝的面条，阴差阳错进了中山市一家电子厂的饭堂。工厂600多人，当时饭堂分工很明确，我是负责煮饭的，每天洗完锅的时候我都在感慨，这中国人怎么就这么聪明呢，谁发明的？可以造出这么大的锅啊，我敢肯定，扔进去一头1000斤的肥猪，站在锅台边保准连毛都看不到，可想而知这个大锅究竟有多大。每顿锅里要放进近300斤大米，煮熟后还要盛到12个大保温桶里，然后开饭分发到每个员工的饭盆里，每天手烫得像猴子的屁股，红得发紫……负责炒菜的我们称之为大厨，中山本地人，安慰我时经常会在我肩上拍一下，用一半国语一半地方土话说："好好干，靓仔，以后你也能当大厨。"看他的神气样，在他眼里，好像当大厨跟当美国总统差不多。即使在这种环境中，我也依然保持乐观的心态。因为在逆境中，快乐是战胜困难最有力的武器。人活着总是要遇见这样或那样的困难，而解决困难的过程就是我们成长的过程。以快乐的心态面对困难，苦中作乐，才能战胜困难。

苦中作乐是一种姿态，也是一种品格，任何情况下，一个自己都不快乐的人，是不会给别人带来快乐的。人最大的弱点是无法战胜自己，往往自己是自己最大的敌人。人通常会犯一种错误，自己一身"白毛"，还说别人是妖精。这个世界，没有绝对的对与错，但是人习惯拿别人的错误去惩罚自己，也习惯搬块石头砸自己的脚，因为这就是人性！看得明白，讲得明白，但做起来明白的就很少……

职场里的人，要想让自己快乐都要明白一个道理，性格决定命运，心态决定成败，要让自己快乐就是绝对不把简单的事情复杂化，当然也不能把复杂的事情太简单化。很多人对此把握不到位，因此活得很累、很辛苦……快乐进入职场，你要抱最大的希望，但随时也要做最坏的打算。你的心态会影响你在职场的发挥，所以职场心态最重要的就是——没有理由不快乐。

第二节　职场向左，消极向右

在职场不比在学校，更不比在家里，初出茅庐，世界在你面前显得五彩缤纷，处处充满了诱惑，但是处处也布满了陷阱。处世不乱、遇事不惊非常重要，因为任何存在的都是合理的，无须攀比——你不能比，也无法比。俗话说“在什么山上咱就唱什么歌”，你的价值观可能和这个社会有差别，你的审美观可能和这个社会也有差别，这都是很正常的。因为每个人的成长历程和成长环境差异很大，要有风景之外看风景的良好心态。总是抱怨生活的人，通常都是消极的人，那叫眼高手低。消极心态的人也通常吹毛求疵，看什么都不顺眼。

那么消极心态导致的不良后果是什么呢？第一，是缺乏目标。一个没有目标的人是缺少动力的，为什么说“不当家不知柴米油盐贵，不养儿不知报娘恩”呢？我下属的一个子公司里面有两个经理，一个姓李，一个姓艾，两个经理的能力都非常地出众。李经理结婚两年，三代单传，一年前刚生下一个公子，举家上下幸福得无与伦比……艾经理到现在还是只恋爱不结婚，是一人吃饱全家不饿的那种人，最大的也是唯一的兴趣和爱好是和自己相恋多年的女友比着玩网络游戏，玩得天昏地暗，玩得乐不思蜀，玩到三更半夜……公司员工的收入是和业绩挂钩的，世界面临金融风暴，公司也或多或少受了点影响。李经理因为业绩下滑而急得像热锅上的蚂蚁，因为他要养家糊口，一家老小就他自己工作，为了不让家人生活质量下滑，在拼命想尽办法。而艾大经理就说：“国际形势都这样了，有什么好急的，不如好好休息一下，可以在家玩游戏……反正我也不是那种很有追求的人，也没有什么目标，过一天就少一天吧……”这里暂不评论这两位经理的对错与否，但是我从他们的谈话中可以看出来有目标和无目标的行为差异，积极和消极的差别。他们都没有错，一个为了目标而努力着，一个没有目标而悠闲自由地活着。我想说的是，消极心态的人通常得过且过。

第二，消极心态的人害怕失败。其实，只要是人，都会害怕失败，不同的是积极心态的人会很快地爬起来，而消极心态的人更多的是观望和抱怨。

第三，消极心态容易滋生埋怨与责怪情绪。通常心态消极的人总是怨天尤人，感觉老天不公平。其实想想，十个指头还不一般长，哪有绝对的公平，命运往往掌握在我们自己手中。我讲课的时候经常会在一块白板上点上一个黑点，然后问学员看到了什么，几乎大部分的人都说看到了黑点，只有几个人会说看到的是白板。一个人不能只看到负面的和消极的东西，而最重要的是要看到逆境背后的希望。一个时时都在埋怨和责怪状态中的人，是不会在职场上走得远的。

第四，消极心态导致我们否定现实。人活在现实之中就要面对现实，而现实是很残酷的。步入职场，如果不能以良好的心态去面对，逃避现实，逃避责任，那后果是不堪设想。赵本山大叔演过一个小品，名字叫《做梦发财》，说的是做梦中了百万彩票的事，可是现实是残酷的，如果每个人做梦就能发财，买个奖券就能致富，那咱中国人都不用工作了，都在家做梦。我平时很忙，应酬非常的多，时常想这人要不用吃饭就好了，真要是吃也不用那么复杂，拿个吸管对着空中吸上两口，空气中有很多营养的东东，可以一年或几个月都不用吃饭那该多好啊。而现实是两天不吃，就饿得发晕，因为咱是肉体凡身的人，不是仙啊！为了咱们的肚子，想想倒还可以。脚踏实地地拼搏才是真正的生存之本，活在现实中就要肯定现实的存在，佛家有句话叫“活在当下”。活在当下的英文是“Live in the present”。活在当下的真正含义来自禅，禅师知道什么是活在当下。有人问一个禅师，什么是活在当下？禅师回答，吃饭就是吃饭，睡觉就是睡觉，这就叫活在当下……没有天上掉馅饼的好事，经常看到一些骗子设了无数骗局让人受骗，骗人的手法层出不穷，在车上你会遇到易拉罐中奖，在地摊上你会遇到扑克牌豪赌，在路上你会遇到捡到巨款和你分钱，就是坐在家里你的手机都会经常收到中大奖的信息，诱惑无处不在，仍然有人受骗，而且不止一次地受骗，悲哀啊！往往受骗的那些人就是爱贪小便宜的，面对现实，活在当下，脚踏实地地做事，不想着天上掉下来的饼，被骗的机会要少很多。

消极心态的第五个后果是让你做事情半途而废。职场里非常忌讳半途而废的人，企业领导对这类人也最不放心，无论在授权和栽培上都不会把彩球抛给这类人。因为几乎所有的企业老板都喜欢以结果为导向，一个半途而废的人是无法赢得信任的。我身边有个肥胖的女性朋友，减肥减了三个月，已经大有成效，结果有天我的一句话就粉碎了她三个月的辛苦，我说："你干吗这么折腾自己啊，累不累啊，人生在世，美食是一种幸福的标志，你把这样幸福的事情都葬送了，活着还有意义吗"？她说："是吗？"中午为了招待她我点了一桌子的大鱼大肉，她青菜叶般的脸红润了，眼红得比狼的眼睛还亮，我说吃吧，别客气，都是为你点的哦……呵呵，现在想到她的吃相还历历在目，那顿海吃，可能是她一生中最胜利的一次晚餐！抽烟的男人天天说戒烟，老婆管，父母管，终于下定决心戒烟了，一个月下来，别人递上一支烟，然后打着了火，开始还百般推迟，对方一句话就投降了——大家是不是兄弟，这么不给面子。第二次又把火点着了，盛情难却，抽了一支，没想却被这支烟给害苦了，抽烟复吸后烟瘾、烟量更大了，戒一次复吸就更厉害。你看那赌博的人，摔了跟头天天喊戒，有的把手指头都剁了，可是还有其他的指头呢，照玩！也不是所有的人都没有恒心，但消极的人做事更容易半途而废，因为他更容易从心智上给自己找很多的理由和借口。要想成真佛，就要有西天取经的豪情壮志，就要有不到黄河心不死的意志和决心。职场是一场现实而残酷的马拉松比赛，讲的是心态，斗的是智慧，拼的是实力。

消极心态的第六个后果是对未来悲观。其实没有任何一个人能预测自己的未来，积极的人通常会努力奋斗，因为他们知道，只要努力和奋斗就有机会，坐井观天、坐以待毙、坐享其成是没有结果的，靠做梦发财更是不可能的。还在做经理人的时候，我也曾经为未来困惑和矛盾过，一个朋友的一句话一下子就点亮了我的心，他说：一个男人的成功，不过是短短几年的事情，要的是机遇，要的是蓄势待发的激情，只要你抓住了机遇，你就很快地赢得掌声和荣誉……很快谈不上，但这几句话确实让我对未来充满信心，我在努力着也在奋斗着，因为一个真正的成功人士，创业必须要具备三个要素，一是专业，要有赖以生存的技能；二是要有人脉，人脉是走向成功的通行证，一句俗话说得好——多个朋友多条路，多个敌人多堵墙；三是要有资金，没有钱寸步难行，更遑论创业了。在未来的路上一路坎坷，也会面临很多失败，但是失败是成功他娘，人活着要有希望，当希望破灭的时候又会产生新的希望！就不要信那个邪，未来是属于那些有准备且努力奋进的人！未来是掌握在自己的五指山中，这一点肯定错不了。

以上消极心态的林林总总都会令我们丧失机会，令我们希望破灭，限制我们潜能的发挥，消耗掉我们90%的精力，令我们不能在职场上获得成功。职场心态，积极和消极的区别非常之大，消极心态往往会成为你走向成功的绊脚石。我写了那么多消极心态的后果，就是希望大家能以积极的心态面对职场。我相信每个步入职场的人都是积极的、向上的。给自己的人生定一个目标吧，沿着这个目标，以乐观、积极、奋斗的心态一直走，成功迟早都是属于你的。

第三节　助你成功的十种心态

有一副对联，上联是：说你行你就行/不行也行，下联是：说不行就不行/行也不行，横批是：不服不行。这副对联蕴藏的内涵有多少人能真正明白和体悟，心态对现实的意义与奥妙尽在其中。多少在职场中行进的人，因为心态问题而与成功失之交臂。这些年，我看过许多关于心态的书，也听过很多关于心态的课程，课程很不错，也获得了很大的收益，但是无论是塑造阳光心态的讲座还是方与圆的劝导都没有延伸太多职场里应该具备的心态。职场和生活虽然息息相关，但还是有一定的区别。我在职场磨砺了近20年，经过多年的沉淀和反思，觉得迈入成功殿堂不可缺少如下十种心态。

第一种心态：空杯的心态

骄傲使人落后，谦虚使人进步，从孩提时代我们就懂这句话，可是人就那么怪，虚荣心会相伴人生到死。古时候，一个佛学造诣很深的人听说某个寺庙里有位德高望重的老禅师，便去拜访。老禅师的徒弟接待他时，他态度傲慢，心想：我是佛学造诣很深的人，你算老几？后来老禅师十分恭敬地接待了他，并为他沏茶。可在倒水时，明明杯子已经满了，老禅师还不停地倒。他不解地问："大师，为什么杯子已经满了，还要往里倒?"大师说："是啊，既然已满了，干吗还倒呢?"禅师的意思是，既然你已经很有学问了，干吗还要到我这里求教？这就是"空杯心态"的起源，其象征意义是，做事的前提是先要有好心态。如果想学到更多知识，先要把自己想象成一个空着的杯子。现代职场里高手云集，一山更比一山高，具备空杯的心态在特定的环境和职场都是一种境界。试想一杯水还没有满，如果不具备空杯的心态，你还能装下水吗？职场里空杯，就是让你低调，让你谦和，别总以为老子天下第一，我是流氓我怕谁，你谁都不怕，别人都怕你。在职场里讲的是团队，讲的是合作，任何一种场合你都是老大，别人都是孙子，你比罗成还傲气，到头来你就成了孤家寡人。拥有了空杯你就拥有了伙伴和朋友，别人愿意伸出友谊之手帮助你，你才能在职场的拼杀里不为更多的矛盾和是非左右，才能更快地赢得信任。

第二种心态：学习的心态

只有空杯了，才会有学习的心态，活到老学到老你才能不被社会所淘汰。现在是信息的年代，你不看书，不看报，不上网，不交流，闭门造车，你不落后于人那才真叫怪呢。常言说得好，门前车马不为贵，家有书生不求人！前几年一个八十多岁的老人还在考大学呢，虽然考了几次没有开花结果，但这种学习的精神是值得效仿的。现在的竞争无比激烈，中国已经加入 WTO，每个人在未来的职场都必须具备三大基本技能，要分别学会“说话，写字，走路”。“说话”是指要以一口流利的英语和国际接轨，“写字”是指有熟练的计算机操作水平，“走路”则指要具备驾驶证及开车的能力。记得有一次我在给一个供电系统的领导讲座中问道：“在未来职场具备的三大基本技能，要分别懂得说话、写字和走路，会说话的请举手。”刷！全举起来了。“会写字的请举手。”刷，又全举起来了。“会走路的请举手。”刷的又全举起手，而且手举得更高。我看都举得那么高，拉出来试试吧。我请了一位老所长，我说，请你用英文简单地介绍一下自己，谈谈今天这节课的收获。那老先生一下就懵了，已经站起来了，但见面红耳赤，憋了半天说了句“翻克有”，让我的心咯噔了一下，看到他憨厚地笑，然后坐下了，我才明白他说的是 THANK YOU，听课的学员哄堂大笑，晕，他们居然还笑得出来。我讲明了三大技能的真正含义后，再问会的请举手，一个班四五十个人，只有两个具备这三种技能，惭愧啊！

书非借不能读也，少年时期、青年时期那捉襟见肘的时候都没有放弃买书，为了一本心爱的书，我可以每天躲在书店里看两个小时，营业员用防贼一样的眼光在我身上扫来扫去，至今都难忘怀。记得有一次在平顶山书店看一本欧文斯通译本的《凡·高传》，书价太贵，买不起，到书店下班了还没有看完，剩下几页，就在看过的书页留下一个记号，正好被书店的营业员看见，她脸黑得像包公，说："你以为是你家里的书啊，你看了几天了，你自己说说……"搞得顾客和店员的回头率出奇的高，我那时候居然没有勇气理直气壮和她辩解，反而像个做错事的小媳妇，恨不得立马找个地洞钻进去。

经常会有些小女孩问我，找一个什么样的男朋友是最好的……我告诉她们，有车有房有存款的固然很好，但最终不一定是你的，要找男朋友，首先他不一定很有钱，但一定要是个"绩优股"才行，就是要具备学习的心态和学习的能力，而且一定要上进，一个不上进不懂得学习的男人，那是要不得的。

职场里，要学习的东西很多很多，拥有了学习的能力，你就比其他人多走了一步，现在我们整天会为自己儿女的学习成绩发愁，要求他们如何如何地学习，以后才能有用武之地，殊不知自己也要与时俱进！只许州官放火，不许百姓点灯，咱别老要求别人，一年到头自己都没有看几本书，也不去借鉴别人的智慧。谈话也好，交流也罢，那是要知识的，别人谈艺术你不懂，别人谈管理你懵，别人谈生活你晕，别人谈市场你糊涂，整个一洋鬼子看戏——傻脸，那多丢人！学习是未来的立足之本，拥有了学习的心态，在职场才能一步一个脚印地前进……信息社会时代的核心竞争力，已经发展为学习力的竞争。信息更新周期已经缩短到不足五年，危机每天都会伴随我们左右。这一点是每个职场人都要思考的。

第三种心态：自信的心态

有一句俗话说得好，"不怕做不到，就怕想不到"。一个连想都不敢想的人，自信何在。拿破仑那句名言可能三岁的孩子都知道，"不想当元帅的士兵不是好士兵！"建立自信的基本方法有三：一是不断地取得成功；二是不断地想象成功；三是将自己在一个领域取得成功的感受运用心理技术，移植到你需要信心的新领域中来。

职场里，拥有自信是很重要的，但这自信不是让你盲目乐观，既然快乐是自己给的，那么自信更是内心不可缺少的火焰。我在职场拼杀了那么多年，发现很多成功人士从事的职业与大学的专业相去甚远，他们就有信心在陌生的领域里打拼出一片天空。前几年我经常在人才市场帮助我的企业甄选招聘人才，来找工作的只要在我的面前坐下，我就能判断他对应聘职位的信心有几成。看到那些说话吞吞吐吐，且眼睛不敢正看我的应试者，通常都会被刷下来，原因很简单，一个对自己都没有信心的人，我怎么会对他有信心呢？无知不可怕，可怕的是自己被自己的无知吓破了胆！

记得以前有一次我到南方人才市场去应聘，主考官是个台湾人，一脸的霸气，他的面试区没人光顾，我坐在了他的面前，他盯着我的眼睛好久，说的第一句话就是："你认为你具备了应聘的这个职位条件吗？"我肯定地说："没问题！"他没离开我的眼睛，我也同样迎着他尖锐的眼睛，他又问："你应聘的这个职位不是普通的职位，你知道吗？"我说："我不认为我是个普通的人。"说完这句话我自己都觉得狂妄了些，他接着问："看你的简历你来广东已经几年了，你认为你成功吗？你如何理解成功和失败？"我是这样回应他的："我能坐在你面前，起码我认为我的现在比我的昨天成功，我习惯和我自己比，成功的体现方式分两种，一种是物质上的，一种是精神上的，我现在在广东虽然没有车、没有房、没有很多存款，但我从不怀疑我以后都会拥有，我更多地认为我的成功是精神上的，我的心态非常的良好，我不怕失败，我愿意学习和进取，而且我很快乐，失败是成功的孪生姊妹，失败的越多，成功的机会越大。"他的眼睛柔和了许多，脸上也有了笑意，还微微点了点头！最后的结果是我有幸成为他的助手！

由此可见，机会通常都是给那些自信人士准备的，自信是一种精神，有很强的影响力和感染力。如果有一天，你的上司交给你一项艰难的工作，然后问你："怎么样？"希望你的回答不是"也许"、"可能"、"大概"、"不一定"之类不确切的言辞。如果是那样你就应该猫在自己的家里，大门不出，二门不迈，从上甘岭开始看起，把中国这几十年有关解放战争和抗日战争的影片全部看上一遍，你一定会学会三句话——第一句是：首长，请放心，保证完成任务！第二句是：怕死就不当共产党员！第三句是：人在阵地在！这话听着多踏实，多爽，多舒心！谁碰到这样的下属，晚上睡觉都会梦到和他同舟共济！千万别一喊狼来了，第一个跑的就是你，也许裤子都被吓得尿湿了，这个时候咱再想想武松先生，在景阳冈敢把老虎都打死！虽然说是酒壮英雄胆，但那也要信心和勇气吧！无论你是刚刚涉身职场还是已经功成名就，自信都会让你赢得更多的赏识和机遇，这一点是毋庸置疑的。

第四种心态：主动的心态

经常会听到妇人说：哎呀，我老公啊，懒得要死，是那种酱油瓶子倒了都不会去扶的男人……真搞不明白，这种男人要他干吗？这种男人企业要他干吗？当然男人不是为了帮女人扶酱油瓶子才来到这个世界的，可是这些生活的细节，更能体现人性的懒惰。记得小时候我外婆讲的一个故事：说有一个男人非常的懒，已经长到了十几岁了还要母亲喂他吃饭，有一天，母亲要外出几天，担心儿子饿着，于是就给他烙了一张很大的饼，知道儿子懒，就弄了根绳子把饼穿起来，挂在儿子的脖子上，交代他，饿了就吃饼。母亲走了几天转回家中，居然发现儿子死了，怎么死的？当然是饿死的。为什么会饿死？当然是太懒了才会饿死。因为他只吃了脖子边能够得着的饼，其他的吃不着就懒得去吃……懒会让人饿死！这话一点都不夸张，职场里更是如此。主动是一种意识，凡事不能太消极，当然，主动的心态不是让你看见利益和金钱就主动，看到责任和义务就退缩，那样就曲解了主动心态的本义了。在职场里，无论是私人企业还是国有企业，推一下动一下的人，永远都不可能得到重用！

第五种心态：行动的心态

行动的心态对应的是执行，可以说，执行力是行动心态的有效体现。光说不练是不行的，任何企业的老板通常都看结果，有主动的心态没有行动的过程那是很表面的。1993 年，我还在东莞牡丹电子有限公司当人事经理，当时的老板莫总给我上了深刻的一课。那时候的东莞牡丹电子有限公司是由北京牡丹电视机厂和长安镇政府及香港老板莫总三方合作的三资企业，当时土建刚刚结束，设备刚刚到位，还处在安装调试阶段，整栋大楼到处乱糟糟的，逢阴天下雨很多地方都会漏雨。有一次，前一晚刚刚下过雨，第二天莫总就从香港赶回来了，直奔我们行政人事部，要带着我走一圈，查看工厂因雨造成的损失。其实头天晚上我已经和保安队抢救了大部分遭雨淋的物资，应该没有太大的问题，但还是有点忐忑不安，拿着记录本就和他进了车间。到底是老板，观察得非常的细致，从一楼到六楼指出了 13 处需要维护和整改的地方。下楼的时候我尾随着他，在四楼的位置时，他扭头看了我一眼，用很低沉和严厉的语气说："你还要跟着我到哪里，在我后面慢吞吞的……我交代的事情你不需要马上去处理吗?!"我没敢说什么，马上诚惶诚恐地飞快下楼，去按照他的指示布置安排工作……任何一家企业老总最需要的就是有执行能力的人，要把他的指令第一时间变成行动及结果。行动的心态通常体现为工作行动迅速，效果立竿见影！只看到问题却没有解决问题的行为或能力的员工是任何企业领导者不能接受的。

第六种心态：给予的心态

在职场里，给予的心态也相当的重要。我是矿工的儿子，当年的矿工是三块石头夹块肉，每天下到几百米下的地层，明天是否能看到阳光都不知道，而且收入也是非常的微薄。记得那时候家庭非常的贫穷，父亲每次做饭的时候都会问我兄弟几个每人吃几碗，也真神奇，每次他做的饭总是不多不少。那时候自己特能吃，知道家境不好，父亲含辛茹苦养几个兄弟不容易，总是少报吃饭的量，可是每次吃到最后还会有剩余的，于是父亲就会让我们饭量大的把最后多出来的吃掉。其实哪里是多出来的，明明知道大家都不是非常的饱，用父亲当年的话说是吃之不足，让之有余，这种谦让的家庭文化到现在还在影响着我们兄弟几人！职场里也要有这种给予的心态，给予是一种品格，在职场里每个人都会有自己的想法与做法，自私是人的天性，但一定要有底线，凡事不能太计较，你给予别人的无论是尊重还是机会或物质，别人都会记在心里，在合适的时候会给你回报更多。我以前在荣兴机电公司的时候，墙上挂着的企业核心价值观里有一句话是这么写的：你想别人怎么对你，你就怎样对别人。一个光想着索取的人是不会有回报的，只有不断给予的人，才会得到真正的回报。给予本身就是一种奉献，同时也是一种品德，一个懂得吃亏的人，一个懂得舍与得的人在职场才有立足之本，才会赢得尊重和支持。

第七种心态：包容的心态

在职场里，包容的心态是很多职业人不具备的，这包括对下属的包容，对同事的包容，还有对老板和企业的包容。一个懂得包容的人对方也会包容着你。很多人的眼里揉不得沙子，别人有点毛病或缺陷他恨不得全世界都知道，还认为自己很有正义感，坦率正直固然很好，但是千万不要伤着对方。在职场里，我感受最深的就是，一到开协调会议或其他例会的时候就成了批斗会，你打我一拳我踹你一脚，碰到问题不是解决问题，而是推卸责任，最后会议开成了一锅粥，问题没有解决，会后我行我素，很多问题愈演愈烈，到最后吃亏和受影响的还是企业本身。到了下一次会议又是另一轮的批判，恨不得把对方一拳打倒再踏上一脚，让对方永远不得翻身，最后同事变成了仇人，甚至有的人还把工作的矛盾带到生活中去，在街上碰面都会把头扭过去假装看不见。殊不知，你的同事你的下属你的上司都是你未来的人脉资源，他们是成就你的基石啊。这一点到任何时候你都不能糊涂。包容不是包庇，要是你问，那他去抢银行是不是我也包容他啊，那你和他就是同案犯了！我所指的包容是多站在对方的立场思考问题，要学会换位思考，和你的观点有冲突多让着对方一点，别为一点小事情吵得脸红脖子粗，失了常态。卡耐基的一句话很精辟，他说，和一只狗争道，即使你赢了，被它咬过的伤永远也好不了……在职场里，学会包容、给予和忍让，没人会因此认定你就是好欺负。

第八种心态：双赢的心态

企业和个人是一种合作关系，有的企业为什么做得大，原因很简单，因为老板确实把自己的员工看成合作伙伴。但是有多少企业老板和投资者懂得这一点呢？职场里，双赢的心态取决于彼此之间的信任，相互猜测和利用，到头来只会各奔东西。大河没水小河干，既然进入企业，就要有和企业共同进退的决心和意志。我身边的朋友做老板的很多，有很多的老板前期都是和别人合作开公司的，做了一段时间，都分道扬镳了，为什么？相信大家都能想明白，能共患难而不能共富贵啊！企业创业初期大家还能同打虎同吃肉，到真正有点成绩了就容不下对方了，到头来，还是散伙！职业人开始进入企业，我相信都会带着对这个企业的憧憬和希望，但是随着企业的壮大，自己羽翼逐渐丰满，就耐不住寂寞了，感觉老板对自己的剥削很多，就开始不断跳槽，结果很多人跳到快四十岁的时候回头看看自己还是一无所成。跳槽是件好事情，我支持在一个企业里学习得差不多的人士跳槽。但是你得会跳，没学到东西就跳来跳去，最后吃亏的还是你！双赢的心态是要从两个方面看问题的，第一是企业要赢，企业不赢你永远也赢不了，用炒股的话说，大盘不行其他的就不用说了，2009 年金融风暴倒闭了很多家企业，支持我创业的第一家服装集团公司也在这场危机中倒闭了。树倒猢狲散，企业也被封了，公司的很多经理人都在四处寻求出路，一个个灰头土脸。因为它的倒闭，为它进行外加工的很多小企业也在一夜之间破产，有的甚至拖欠了员工近半年的工资，小老板一夜之间就随之消失了，苦的是企业，苦的是员工。对于这样的倒闭，企业应该承担不可推卸的责任，企业的管理人员应该承担不可推卸的责任。企业的问题主要体现在资金的运营、市场的运营、供应链的管理、人力资源的管理、开源节流等等因素，这家企业倒闭后我去和一个姓童的高管聊，他说，到现在还欠银行近 16 亿元，都是这几年公司管理出现了缺口和漏洞造成的，人浮于事，拉山头，搞帮派，乱投资，铺张浪费，拿国家的钱就这样搞，不垮才怪……职场里你首先要相信你的企业好，你才会好。双赢心态的第二点是自己也要赢。天天朝九晚五究竟为了什么，每天让你光干活没有回报，怎么能行，相信神仙都没有这品格。自己赢要从两个方面考虑，一是物质，二是精神。物质层面的要和自己付出的结合，精神层面的要从自己的发展平台和发展空间来看，一个好企业一定是你人生起飞的好平台。双赢的心态是你能与企业长期合作的关键，你不能想老子捞一把就走，一人吃饱全家不饿，管他企业死活，有这种想法的人永远也不会得到捞一把的机会，即使你捞了一把，你的良心也会谴责你，没看到那么多国家官员因为贪污腐败纷纷落马，就是没把自己的利益和国家、人民的利益结合在一起，作为职业人永远不能把企业当傻瓜，而企业当然也不会熟视无睹你的贡献！

第九种心态：积极的心态

一个整天想自杀的人肯定是消极的，一个每天没有目标无所事事的人肯定是消极的，一个整天怨天尤人抱怨生活的人肯定是消极的，一个天天愁容满面伤感无限的人肯定是消极的！相反，一个珍爱生命珍惜生命的人一定是积极的，一个为着目标奋勇前进的人肯定是积极的，一个热爱生活乐观向上的人是积极的，一个满面微笑处处开心的人是积极的！积极的心态取决于积极的价值观，职场里，你前天被女朋友甩了，昨天让客户给忽悠了，今天又被老板骂了，你就是一天不吃不喝，你就是抽自己耳光，你就是拿头撞墙，也无济于事，因为明天的太阳必定要从东方升起，不会因为你的郁闷和失落成为黑暗。既然是这样，快乐也是一天，不快乐也是一天，为什么不让自己快乐呢，人有九类基本情绪：兴趣、愉快、惊奇、悲伤、厌恶、愤怒、恐惧、轻蔑、羞愧。兴趣和愉快是正面的，惊奇是中性的，其余六类都是负面的。在这九类基本情绪中，有六类是不好的。由于人的负面情绪占绝对多数，因此人不知不觉就会进入不良情绪状态。人生是一张单程车票，一去无返。旅途中，调整自己的情绪，调整自己的心态，尽可能让自己的一生过得达观快乐。职场里，你要用积极的心态学会寻找快乐。

第十种心态：老板的心态

广东盛行一句话，你要爱一个人就让他成为老板，你要恨一个人也让他成为老板。当老板当然和财富息息相关，但是当老板也和辛苦勤劳息息相关。以前还没有这种切身的感受，自从自己有几家公司以后，对这句话的理解可以说是入木三分。当老板真的很受人尊重，在创造价值的同时也在体现着自我价值；当老板也真的很辛苦，创业的艰辛，企业的发展是要用非凡的智慧和毅力赢得的。职场里，通常企业对你的期望值相当的高，具体到老板对职业人的期望，通常希望你能用老板的心态看待自己的工作，有真正主人翁的意识，能和企业共同进退，但是通常有这种心态的职业人是少之又少。

我身边的反面案例非常的多，无论是跨国公司的，还是私营与国有的。我想就我自己公司的例子来阐述，我的一个下属咨询顾问子公司，为了激励经理和同事们的斗志，我在2008年给他们实施了承包责任制，一个月按期给总公司交纳一定的承包金，其余的赢利全部归属子公司所有。因为承包金不高，而利润空间比较大，这一下可把经理给乐坏了，在承包合同签下来以后，经理马上召开全体员工会议，从来抵触公司制度的经理居然在会上要求下属强行执行公司制度，而且什么情况下可以开空调，什么情况下怎么用水都上纲上线，搞了一大堆的补充制度，每天第一个到公司，下班走的时候一定还会反复检查是否关灯关窗。为了节省开支，就连我刚刚配给子公司的车都要总公司尽快调走，那种开源节流的能力让我佩服得五体投地，那种责任感也超过我公司的任何一位经理。之前可不是这样的，有意识却缺乏行动力，认为什么都是公司的，都是老板的，只要自己把事情做好就够了。2008年下半年金融风暴，我的子公司经理感觉到了经营的压力，承包风险太大，而且做了一回老板，感觉空前的辛苦，于是要求还是做回经理人。当然前提条件他们是人才，我欣然同意，还给他们加了工资。前几天经理给我提要求，让我还把轿车给他们配上，当时我就想，让你承包的时候，给你车你死活都不要，现在不承包了，你又要，原因是当时车发生的费用是他们子公司支付，而不承包了车辆所有发生的费用是公司出，也太现实了点吧？我给他们的回应是，用你们创造的业绩和价值再买辆新的吧……从这一点也能反映很多职业人是不具备老板心态的，我在企业这么多年，我深深体会到，既然一个企业的老板能当老板，就一定有当老板的实力，那就一定不是傻瓜，也不能把他当成傻瓜。任何一家企业的老板都试图寻找和培养自己相信的人，在众生之中栽培具有老板心态又货真价实的职业经理人。

我最后服务的一家公司是荣兴机电有限公司，老板姓林，潮州人。都说潮州人是中国的犹太人一点都不假，他们天生就有经商的头脑和意识，从小就树立了宁当鸡头不做凤尾的思想，所以很少有给别人打工的，李嘉诚就是只给社会打工不给别人打工的那类人。我的这位林老板说实话，读书不多，可是历经创业十年，公司做得相当有影响力。我刚到公司的几个月，他为了考验我可算是煞费苦心，就看我是不是能与公司同船共渡的人。好在我的人格和职业操守还不错，我处处站在公司和老板的角度上考虑问题，而且从无怨言，最后终于赢得了他对我的信任，对我非常支持和厚爱。他经常告诉其他经理说：你们不要嫉妒和羡慕，你们把自己当成打工的是你们自己的问题，并不是我的问题，只有你们把企业当成了自己的企业，我作为投资者才会赋予你们更多的权利和福利！

心态是做人的根本，越有能耐的人，心态出了问题，栽的跟头越大。在职场里能做事，做好事，首要的还是取决于心态，好的心态是你职场成功的第一步，总结四句话共享：心态变则意识变，意识变则行为变，行为变则结果变，结果变则命运变。步入职场的第一件武器一旦没有握在手中，后面的战争你唯有步入唯谷，处处艰难……

第二步　改变一生的职场规划

大部分人懵懵懂懂、糊里糊涂地就进入了社会，进入了职场。对自己的职业规划定位不清晰，甚至上班两年了还不知道自己适合做什么，未来究竟是往市场人才、管理人才还是技术人才发展都不得而知。因此：必须要清楚地审视自己的优势、劣势、机会、威胁，选择适合自己发展的行业，女怕嫁错郎，男怕入错行，一步走错，百步难回，这一步可千万不要错。要本着对自己负责其实也是对家庭和社会负责的心态来看待自己的第一份工作和职业，一定要给自己做个职业规划。那么，什么叫职业规划呢？简单说，职业规划就是个人在职业中的发展计划。职业规划要从长期性原则、挑战性原则、清晰性原则、可行性原则、适时性原则、适应性原则、持续性原则来考虑和规划。如果你天生口才了得，建议你去做销售；如果你善于沟通，深谙中庸之道，建议你去从政或做管理；如果你有一技之长，建议你去玩技术；如果你什么都不具备，那就建议你选择你喜欢的领域，刻苦努力，勤勤恳恳地埋下心来学习和沉淀。总之，你要通过自我评估、外部环境分析、目标确立实施策略、能力开发、情商修炼、检查评估和修正步骤最终确定你的职业方向，在职业生涯规划里，从专业的角度我们会把职业性质分为五种类型，分别是技术型、管理型、创造型、自由独立型、安全型，当然这五种类型也不是截然独立的，这五种类型的表现方式各不相同。

技术型：技术型的人出于自身个性与爱好考虑，往往并不愿意从事管理工作，而是愿意在自己所处的专业技术领域发展。在我国过去不培养专业经理的时候，经常将技术拔尖的科技人员提拔到领导岗位，但他们本人往往并不喜欢这个工作，更希望能继续研究自己的专业。

管理型：这类人有强烈的愿望去做管理人员，同时经验也告诉他们自己有能力达到高层领导职位，因此他们将职业目标定为有相当大职责的管理岗位。成为高层经理需要的能力包括三方面：(1) 分析能力：在信息不充分或情况不确定时，判断、分析、解决问题的能力；(2) 人际能力：影响、监督、领导、应对与控制各级人员的能力；(3) 情绪控制力：有能力在面对危急事件时，不沮丧、不气馁，并且有能力承担重大的责任，而不被其压垮。

创造型：这类人需要建立完全属于自己的东西，或是以自己名字命名的产品或工艺，或是自己的公司，或是能反映个人成就的私人财产。他们认为只有这些实实在在的事物才能体现自己的才干。

自由独立型：有些人更喜欢独来独往，不愿像在大公司里那样彼此依赖，很多有这种职业定位的人同时也有相当高的技术型职业定位。但是他们不同于那些简单技术型定位的人，他们并不愿意在组织中发展，而是宁愿做一名咨询人员，或是独立从业，或是与他人合伙开业。此外，自由独立型的人也往往会成为自由撰稿人，或是开一家小的零售店。

安全型：有些人最关心的是职业的长期稳定性与安全性，他们为了安定的工作、可观的收入、优越的福利与养老制度等付出努力。目前我国绝大多数的人都选择这种职业定位，很多情况下，这是由于社会发展水平决定的，而并不完全是本人的意愿。

很多人在职场的历练过程中通常也会根据自己职业的变化、环境的变化而变化，那么到底哪一种类型更合适自己，如何让自己的职业空间无限放大，如何从专才转向通才（通才也就是复合型人才），我结合多年的沉淀和积累，就职场规划需要遵循和注意的事项和大家分享一下。

第一节　兴趣是最好的老师

某种意义上说，大学学的专业应该和自己的职业有着千丝万缕的联系，更多的学生并不考虑自己的兴趣，看别人学国际贸易，他也学，看别人读人力资源，他也上。其实对这个学科根本没有兴趣，到头来学的专业和从事的职业风马牛不相及，进入职场等于从头来过。当然，大学主要是提升人格魅力和树立世界观最好的舞台，在这个舞台上你可以不断地提高个人的综合素质。有很多的学生不知道在大学几年是怎么度过的，回头望望，沧海茫茫，到快走向社会了，专业知识、个人技能、思想素养都还“囊中羞涩”，只好以这种状态走向社会，殊不知企业老板都很现实，希望员工来到企业就能发光发热，创造价值和带来回报。哪个企业真正愿意从头培养员工（当然不排除有战略眼光和着眼未来的企业会愿意），现在的人才市场本来就是僧多粥少，能招聘应届生的公司也非常的少（应届生专场除外），所以很多应届毕业生都被堵在了门外。原因很简单，这是大环境和市场的原因，政府想尽办法解决就业，很多大学生就随波逐流地进到了某企业，做什么不知道，未来怎么发展不知道，如何定位自己不知道，到你真正知道了，摸到“枕头”的时候，天也快亮了。回头看看自己走过的路，才发现，冤枉路很多，但是时间这个老人不会给你两次生命，稀里糊涂已经走过了很多年，再想重新定位和规划已经为时已晚。说句很实在的话，现在的大学生有80%的人，他们大学所学的专业和在社会从事的领域、职位有很大的差异，简直就是风马牛不相及。

我有次招销售人员，一位来面试的先生是学机电一体化的，已经做了两年的销售工作，我问他：你是学机电一体化的，为什么选择做了销售。他说：我当时没有选择，只有销售员这个岗位。我再问他：从事销售快三年了有什么收获。他说：不知道！我让他把销售的产品给我介绍一下，他就把他销售的女性内衣给我介绍了一下，一脸的无奈，看不到他对产品的热爱，更看不出他对销售岗位的热爱，只是想换份工作而已。一个根本不热爱销售的人，做了三年还是无奈的人，他在销售这个岗位上究竟有多大成功的几率可想而知。我问他：你后悔你当年专业的选择吗？他说：这个专业是我喜欢的……而且我也不会放弃这种选择。后来我就告诉那位先生：现在很多企业都需要你这个专业，也需要你这样的人才，建议你从头来过，不要急于换现在的工作，先骑牛找马，慢慢找和你专业对口的职业。几个月后，他告诉我他在另外一家电子企业，非常受这家企业的信赖，现在是工程部的工程师，未来可能会成为主管或经理，电话里感觉到他的欣慰和欢快，也能想象出未来他在职场的空间和平台。

现在的企业总是抱怨找不到适合自己企业的人才，而人才呢，总是抱怨找不到合适的企业，这种现象很普遍，但是从职业规划的角度上说，一个人，如果做自己不感兴趣的事情，那是无论如何也做不好的。专业一定要跟自己的兴趣结合在一起，这样才能相得益彰、事半功倍，可是没有多少人会从这一点真正考虑自己的需要。我们可以看到生活中的家长们，为了望子成龙，从小就培养他们的兴趣和爱好，这本来是件好事情，可是也要孩子真正愿意或喜欢才行，很多家长总是把自己的个人意愿强加到孩子身上，到头来半途而废。他不愿意学画画别逼他学，他不愿意学钢琴别逼他，你逼也逼不出来结果。我的一个同事的女儿就是被逼着画画，在父母的视线范围她画得很认真，父母不在的时候，为了发泄不满就整天画他爸爸的凶狠、妈妈的丑陋。有天他父母提前回家，孩子贴了一屋子他爸爸、妈妈的丑陋嘴脸，气得我同事抽了自己两个耳光！所以准备步入企业的学生，务必要考虑自己的兴趣在哪里，自己的专业和什么样的岗位能结合起来，不要这山望着那山高，别人怎样自己就怎样，天下没有完全相同的两片树叶，这话有它的道理。如果你要问，那我的专业和兴趣没办法协调怎么办，我喜欢做销售，我喜欢做管理，可是我的专业和这些都相差很远怎么办？或者你问，我的专业没问题，而且我也喜欢，但是这种岗位暂时没有怎么办？这种情况存在的可能非常的大，那就要看你是专业强势，还是兴趣浓厚了，如果你专业强势建议你以专业为主，如果你的兴趣浓厚建议你以兴趣为主。一旦你进入企业，很可能第一份工作就决定了你一生的职业路途，光有兴趣没有专业，那就要拼命地学习和进步了，因为要圆自己的梦，你不把吃奶的力用上，你不相信勤能补拙，是永远无法到达你理想的彼岸的。

第二节　优势与劣势的结合

每个人都有自己独特的魅力，只要自己是个四肢健全的人，就应该感谢父母和上苍的恩赐，某种意义上你已经具备了和很多人平等竞争的优势，但是一般人往往习惯无限放大自己的优点，很少看到自己的缺点。在职场里如果问某人有哪些优点，通常他都能回答得很自如，但如果让他回答他有哪些劣势，通常都会哑口无言。可以断定人大多时候总是缺乏对自己客观的认识，认识自己并不是件非常容易的事情，营销人员会经常就某一市场产品进行 SWOT 分析（STRENGTHS 优势，WEAKNESSES 劣势、OPPORTUNITIES 机会、THREATS 威胁）。而步入职场也应该对自己的优势、劣势、机会、威胁做一个系统的分析。除了以上谈到专业和兴趣的结合，更要结合自身的优势和劣势来判断自己对职业和职位的选择，你的相貌、你的身高、你的兴趣、你的专业，都决定着你的职场之路。当然职场里的实操能力和表现才是最重要的，我们一起来给准备步入职场的人做个 SWOT 分析吧。

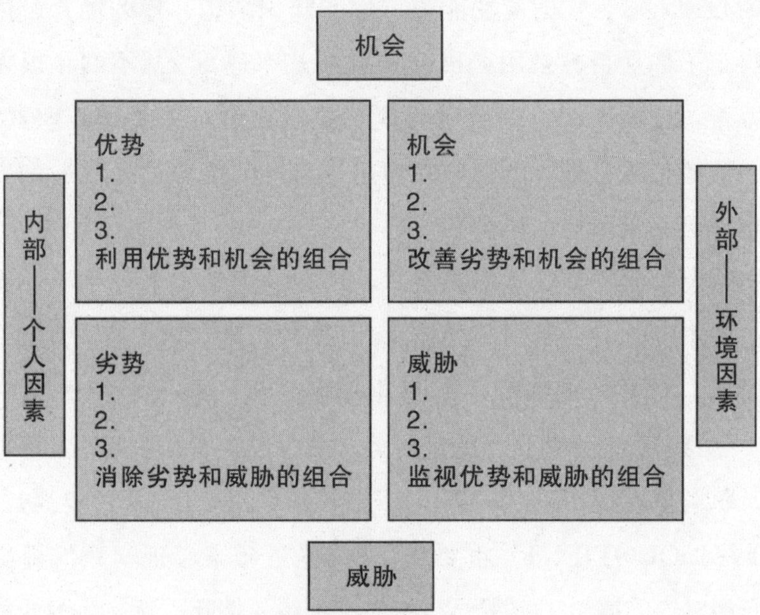

选择职业目标 SWOT 分析图

结合上图，我们以填空的方式来确定我们的 SWOT，优势通常表现在：年轻，有创意，思维活跃，学习能力强，最大的资本是年轻。那么劣势也很明显：因为年轻没有经历和阅历，因为年轻做事不够稳重和成熟，因为有创意和思想活跃会不按规矩做事或不按程序做事。优势自然也成了劣势，面临的机会：很多中国的企业要想壮大和发展就离不开人才，况且企业往往最缺的也是人力资源，中国本身也是大国崛起，中国的企业如雨后春笋般越来越多，中国企业面临的竞争最后依然是人才的竞争，某种意义上说，只要是人才，只要你优秀，你的面前就摆放着巨大的舞台和发展空间，换句话讲，机会是非常的多。那么，我们最后看看威胁在哪里：面临的威胁就是，既然机会对每一个人都是平等的，舞台大了，平台大了，那么竞争就更激烈了。

我们公司这几年都在帮广东省烟草局招聘大学生，深深感受到人才竞争的激烈，每年的这一百多个岗位，从报名的上万人里筛选出几千，然后每两百个大学生里笔试比赛选出前三名，再从这三个人里面通过系统的结构化面试和非结构化面试选出岗位需要的一个人。因此你的形象、你的气质、你的心理素质、你的应变能力、你的知识结构、你的涵养、你的才艺等等都决定了你是否被录用，机会和成功几率连1%都不到。很多人经历了千辛万苦，过关斩将，到最后与成功擦肩而过，主要是心理素质太差，对自己的情绪缺乏管理，不清楚如何呈现自己的优势，最后一刻失去了宝贵的决定自己一生命运的机会。

以前的大学生打着灯笼都找不着，现在的大学生多如牛毛，有人开玩笑说：在人才市场，一砖头下去能砸晕几个硕士生和博士后。其实文凭只是敲门砖而已，对自己的修炼才是最重要的，步入职场要把握自己的专业和兴趣，更要客观地评估自己的优劣势。从为广东省烟草局这几年的服务中体会到，职场里不仅IQ（INTELLIGENCE QUOTIENT）要高，EQ（EMOTIONAL QUOTIENT）也要高，EQ是近年来心理学家们提出的与智力、智商相对应的概念。它主要是指人在情绪、情感、意志、耐受挫折等方面的品质。以往认为，一个人能否在一生中取得成就，智力水平是第一重要的，即智商越高，取得成就的可能性就越大。但现在心理学家们普遍认为，情商水平的高低对一个人能否取得成功也有着重大的影响作用，有时其作用甚至要超过智力水平。那么，到底什么是情商呢？

情商包括以下几个方面的内容：一是认识自身的情绪。因为只有认识自己，才能成为自己生活的主宰。二是能妥善管理自己的情绪，即能调控自己。三是自我激励，它能够使人走出生命中的低潮，重新出发。四是认知他人的情绪。这是与他人正常交往，实现顺利沟通的基础。五是人际关系的管理，即领导和管理能力。很多刚毕业的大学生无法确认自己的情商水平，因为情商的水平不像智力水平那样用分数便能准确地表示出来，它只能根据个人的综合表现进行判断。心理学家们还认为，情商水平高的人具有如下的特点：社交能力强，外向而愉快，不易陷入恐惧或伤感，对事业较投入，为人正直，富于同情心，情感生活较丰富但不逾矩，无论是独处还是与许多人在一起时都能怡然自得。专家们还认为，一个人是否具有较高的情商，和童年时期的教育培养有着密切的关系。因此，培养情商应从进入职场前就开始。

性格中的或能力上的优势和劣势没有绝对的好和坏。优势和劣势原本就是息息相关的，一个人的优势往往也是一个人的劣势，一个人的劣势也往往是一个人的优势，只是在不同的场景要有不同的表现方式，但一定要了解自己的需求和呈现方式，否则就把自己的优势在关键的场合变成了劣势。也就是说一个好动的人有好动的好处，一个好静的人也有好静的好处，但是要能准确地判断什么时候该动，什么时候该静。选择岗位也是如此，要充分评估自己的优劣势，有机结合，才能让职业规划立于不败之地。

第三节　将梦想照进现实

人人都会有愿景，但是愿景和现实是有距离的，好高骛远只会让自己落个竹篮子打水一场空的局面，天天想天上掉馅饼的好事，可能吗？网上现在流行一句话是：“理想很丰满，但现实很骨感。”这句话给了我们很多启示。距离产生美，这话说得不无道理，人都是为希望而活，当希望破灭又会产生新的希望，刚刚毕业要专业没有专业，要人脉没有人脉，要资金没有资金，就想一步登天，就想坐奔驰开宝马，谁不想啊？谁不想谁有病！我就想每天坐在家里数钱，但可能吗？如果是那样，人们一定认为我大白天做梦，想钱想疯了。现在很多刚毕业的大学生创业原本是好事情，政府鼓励，政府支持，但是真正成功的又有几人？脚踏实地才是立业之本，要想实实在在地于职场谋一席之位，首先问自己几个问题：（1）我是谁？（2）我想做什么？（3）我会做什么？（4）环境支持或允许我做什么？（5）我的职业与生活规划是什么？用句专业的行话说，这叫“归零思考法”。如果你的回答是：我是谁不重要；我想做什么就做什么；别人会做什么我就会做什么；环境支持对我无所谓；我的职业规划走一步算一步。那么，好！结果是你什么都想做，什么都去做，到结局是什么都做不好，什么也没有做到，既浪费了光阴又浪费了金钱和生命。走进社会需要一个复杂的过程，大学里学的东西不能说没有用，那只是基础知识，但是和企业里想要的有相当大的距离，成为一个社会人没有那么容易，你从学生向社会人的角色转变就涉及很多很多的问题。有梦想是好事情，但是一定要脚踏实地地完成，有一个学人力资源专业的学生是这样给自己做规划的：

第一个五年：帮人打工，学经验

第二个五年：帮人打工，建关系

第三个五年：帮人打工，积累财富

第四个五年：自己创业，赚经验与关系

第五个五年：赚钱

第六个五年：旅游

第七个五年：学习以前想学而没学到的东西！

我们暂且不去评论这个学生做的规划是否合适自己，但起码他知道自己的职业规划和蓝图是需要分阶段性的，并且知道学经验、建关系和积累财富的重要性。机会总是掌握在那些有准备有规划的人的手里，盲目地把现实和梦想分离，目标定位不清晰，翻过时间的河流，悔亦晚矣。对自己做

SWOT分析，为自己做规划，结合上两节的内容对目标进行分解，并确立可行的实施策略：

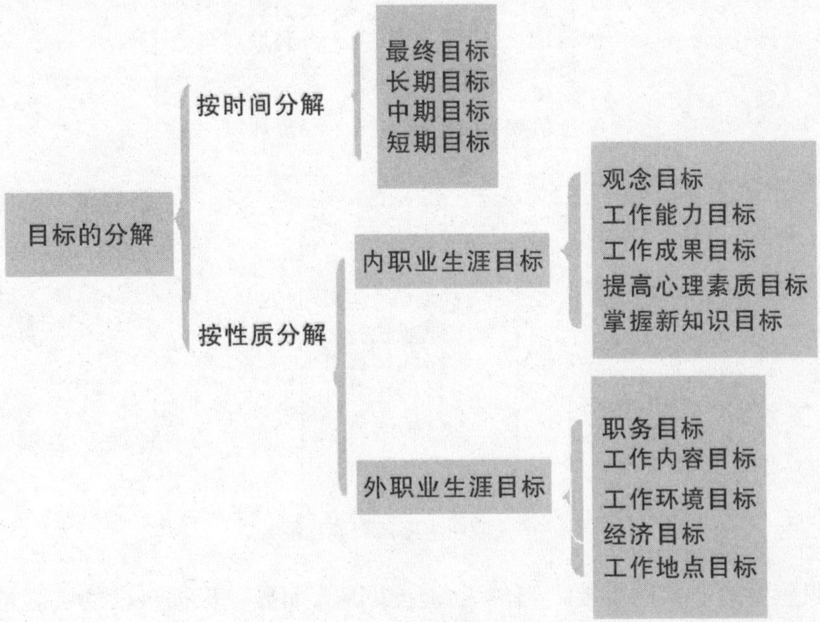

职场目标策略图

如上图所示，成功离不开对目标的分解，短期的、中期的、长期的、最终的。人才市场面试官最常用的一句话就是：你近三年或者五年的职业规划是什么？你说我过两年就去当老板。得！可能因为你这一句话就把你挡在了企业之外。你其实说的是心里话，无愧于自己的良心，但是企业招聘你进来是想你创造价值和带来回报的，你想做老板是没有错的，但哪个企业愿意培养自己的竞争对手，保不准更担心你来到企业说不定哪一天你就把这个企业给废了（我这里指的是创业型的小企业）。

职业规划的精髓理论应该是：职业生涯规划＝知己＋知彼＋抉择。要想让自己不走弯路，要想让理想和梦想的距离结合，要想早日实现自己理想的职业规划，必须要明白个人职业规划知己、知彼和抉择所具备的要素：

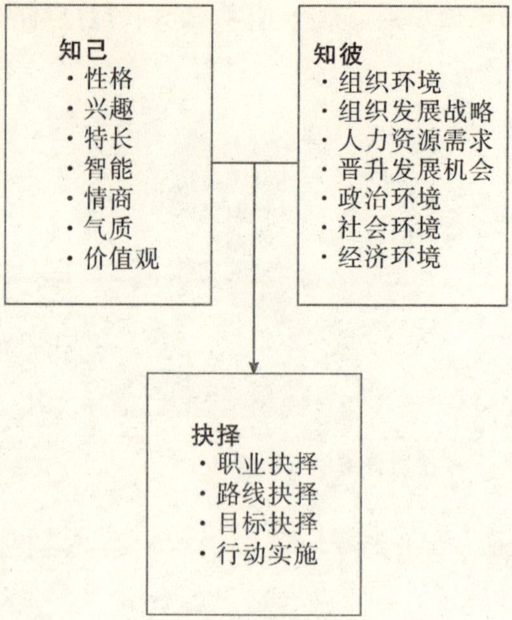

个人职业生涯规划要素图

职业要素非常的重要，当然，每个人因人而异，根据自己的实际情况确定自己的职业规划，不一定第一份工作就一定是自己终生从事的领域和职业。更多的人在很长一段时间都找不到自己的“职业锚”。所谓“职业锚”是指职业的定型。职业锚的形成部分人需要一定的时间。一般来说。在踏上工作岗位的前 1～3 年，往往是一个尝试的过程，在这个时期，许多人都会尝试不同的工作。这就是一个职业锚形成的过程。一旦发现了最适合自己的工作，职业锚就形成了，然后才能在此基础上重新调整和设计自己的职业蓝图。形成职业锚的过程往往是充满痛苦与迷茫的。只有通过不懈的努力和尝试、慎重的思考和沉淀，才能在最短的时间内找到最适合自己的职业锚。

常规职业生涯规划往往要经历四个周期：形成期、适应期、定型期（稳定期），最后才是发展期。

在不同的职业发展周期，仍然需要随时调整自己的职业素养及心理状态。在职业的形成期，由于对自己的职业定位不清，往往是充满疑问与迷茫的。在适应期，需要迅速地培养出最适合该职业的基本素养，以胜任该工作。在定型期及稳定期，为了能够在众多的竞争者中脱颖而出，需要多注意业界的动态，善于学习，提高自己的核心竞争力。到发展期才是职业规划最辉煌和价值体现的时期。

总之，职场规划是步入职场前对自己未来职场的统筹与规划，要结合自己的专业与兴趣、优势与劣势，要从实际出发，同时也要从所从事的行业未来的发展出发。然后在进入职场前或者进入职场初期，快速地判断，理性地分析自己在该领域是否有较好的前景或平台，及时调整自己的职业规划。

第三步　初入职场全攻略

一个优秀的销售人员是能把一块普通的石头卖出去的，对职业人来说，你自己就是一个产品，你的老板就是客户，你要具备把自己高价卖出的能力。能不能卖个好价钱，跟你的能力有关，但是，“酒香也怕巷子深”，在进入职场之前，你也是需要包装的。细心的人不妨到人才市场走走看，每个找工作的人脸上的神情，都像跳海般悲惨或赶赴刑场般壮烈！一脸的无奈，一脸的黯淡，一脸的沮丧，一脸的惆怅，还有一脸的……非常理解他们的心情，但是职场是一个人成长过程中必须经历的阶段，即使是刀山火海也得上，想开了，其实没有什么的。职场充满着诱惑和神奇，充满着挑战和梦想，只有进入职场才算是真正地走向了社会，才能用自己的双手和智慧创造价值、创造世界。

在没有进入企业成为职业人之前我们要先弄明白几个定义：何为职业？何为职业人？企业的本质是什么？

职业，是个人获取生活来源的一项主要手段，是一个特定的社会角色。

职业人是以企业经营管理为职业的社会阶层，他们在专业和道德两个方面具有较高的水准。

职业人应该具备一定的个人素质和专业技能，同时拥有较强的敬业精神和事业心、丰富的工作经验和深厚的理论功底。

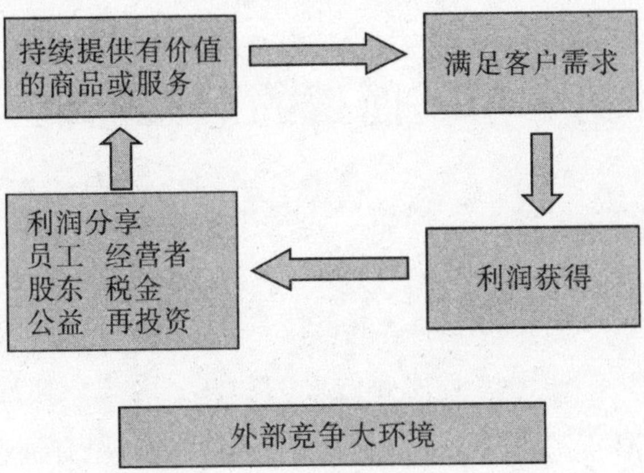

企业本质图

通过上图，我们了解到，企业通过商品或价值服务满足客户而获得利润，这些利润单靠个人是无法做到的，需要一个组织来作支撑。那么，什么是组织？其目的又是什么呢？

组织是人们为了达成一些目的而组成的协作团体，企业的组织可以说是企业为了达成企业的目的而组合成的协作团体。

企业的组织是两个东西的组合体，一个是“工作分配（业务）”的组合体，另一个是“工作执行（人）”的组合体。每个组织都有自己的组织架构，作为即将成为职业人的你必须要了解两个图，一个是组织架构图，一个是岗位设置图。这两个图决定了企业的规模和功能，在以后的工作过程中，你在岗位设置图的位置决定了你的工作内容和职责，同时也决定了你的职务和职位。

对企业及职业有了相关的认识之后，接下来重点谈谈该如何进入企业。企业的招聘方式林林总总，其中包括网络招聘、报纸招聘、内部提升与介绍，还有通过专业的猎头机构招聘（一般针对中高层招聘），但是最直观、最常用的还是现场招聘。下面就现场招聘详细谈谈如何进行有效的简历包装、形象包装、心情包装、语言包装等，为你在每一次的面试和复试过程中提供有效的支持和帮助，并增加成功率！

第一节　面试的形象包装

形象包装是进入职场的基础，准备什么样的简历、穿什么样的衣服、具备什么样的礼仪，都是面试必须要做好的功课。因为在你递出简历的那一刻，在你开口说第一句话时，你就已经在面试官的心里有了直观的印象！为什么？原因很简单，对方是人力资源领域的专业人士，会从你的涵养与礼仪、着装与打扮、举手投足间进行判断，再简单浏览一下你的简历构成，根据你的眼神就能判断你离他招聘的这个岗位距离有多远。然后通过与你的沟通及你展示的专业水平与能力，最后判断你是否进入准候选人名单。那么，具备什么样的仪态和仪表才能提高成功率呢？这就要从礼节与礼仪上做文章了。

职场的着装

什么是礼仪呢？礼仪是一种典章、制度，包括人的仪表、仪态、礼节等，用以规范人的行为、举止，调整人与人之间的关系。礼仪同时也是一门综合性较强的行为科学，是指在人际交往中，自始至终地以一定的、约定俗成的程序、方式来表现的律己、敬人的完整行为。孔子曰：不学礼，无以立。孟子曰：君子以仁存心，以礼存心 。仁者爱人，有礼者敬人。爱人者，人恒爱之；敬人者，人恒敬之。常言道：油多不坏菜，礼多人不怪。人才市场经常可以见到把简历往面试官面前一扔，眼睛却还瞄着招聘广告的求职者，这些求职者穿的衣服五花八门。我经历过的大大小小的招聘会有几百场，那些在现场招聘会上具备仪表、仪容的人一般都比较自信，而且成功率也非常高。有一次，一个来到我企业面试的求职者，穿了件带骷髅头的 T 恤，和一条大短裤，脚蹬沙滩鞋，他坐在我的面前，我问他：你重视应征的这个岗位吗？他说当然，昨天晚上半宿没睡还在写简历呢。我问他：你为今天的面试还做了哪些准备？他说他准备得很充足。我再问他：你既然那么看重今天的面试，你不觉得面试现场是很隆重和正式的场合吗？他说当然很正式啊！我说你对你的着装满意吗？他说习惯了，一直都是这么穿的。我无言，既然人家一直都这么穿，而且他也认为很正常，我怎么能破坏别人的"正常"呢，看到他满脸的自信，我的感觉是他自以为是到了极点！还有一次，一个女孩子（求职者）穿着透视装，身上洒的香水五里地都能闻得到，熏不死蟑螂最起码蚊子从她身边飞过去也会"壮烈牺牲"！这位求职者穿的衣服不该露的都显山露水，上身超低超短，下身超短裙也不示弱，短得不能再短了，往我前面一坐，还没有给我简历和开口说话，我就已经给她的面试判了“死刑”，三言两语就把她打发了。我担心她进了公司，我们绝大多数男同事要么起义，要么俘虏，怎么工作啊？职场有职场的要求，招聘现场这么正式和隆重的场合，得体、大方、朴素、自然等这些规则是每一个面试者都不可忽视的形象要求。那么，怎样才算具备良好的仪态、仪表和礼节呢？

男性就得像个绅士的样子。男性的仪表要求如下：

(1) 短发，清洁、整齐，不要太新潮。

(2) 精神饱满，面带微笑。

(3) 不留胡须。

(4) 白色或单色衬衫，领口、袖口无污迹。

(5) 着正装，领带紧贴领口，系得美观大方。

(6) 西装平整、清洁。

(7) 西装口袋不放物品（笔）。

(8) 西裤平整，有裤线。

(9) 短指甲，保持清洁。

(10) 皮鞋光亮，深色袜子。

(11) 全身三种颜色以内。

切记：腰上千万别挂东西，如钥匙、手机等，要不你穿得再好、再精神，你的败笔都已经大到无法原谅。说句涉外交往中的行话，一个有社会地位的人，一个有层次的人，在大庭广众下腰上是不挂任何东西的。你想想，如果一个人挂了一串钥匙跑着进来，你会想到谁来了？不是保安就是仓库保管员。

如果你是女性朋友，就得具备淑女的样子，而不是飞女。否则会让面试官对你不敢恭维。女性着装的要求如下：

(1) 发型文雅、庄重，梳理整齐，长发要用发夹夹好，不扎马尾巴。

(2) 化淡妆，面带微笑。

(3) 着正规套装，大方、得体。

(4) 指甲不宜过长，保持清洁，指甲油须自然色。

（5）裙子长度适宜。

（6）肤色丝袜，无破洞。

（7）鞋子光亮、清洁。

（8）全身三种颜色以内。

原则上职场里的女性朋友的头发是不染色的，亚洲人红头发、绿头发、金黄头发的人种不多，咱别把自己染得爹妈不认识，动物世界里的朋友们都认识。戴首饰原则以少为佳，漂亮女孩不戴。即使戴也不多于三种，每种不多于三样。戴戒指的话，原则上首选白金，再选白银。女性朋友进入职场着装有六忌：

（1）过分鲜艳。要求遵守三色原则（越少越好）。

（2）过分杂乱。

（3）过分暴露。要求不露胸肩。

（4）过分透视。大家是成年人应该知道透视的效果，不要主动提供别人研究你身体的机会。

（5）过分短小，忌着童装。

（6）过分紧身。

职场的仪态

仪态范围非常广泛，常言说得好，站有站相，坐有坐相，在职场里，举手投足间都能彰显你的素养。那么，何为站相？何为坐相？

站姿：抬头，目视前方，挺胸直腰，肩平，双臂自然下垂，收腹，双腿并拢直立，脚尖分呈 V 字形，身体重心放到两脚中间。也可两脚分开，比肩略窄，双手合起，放在腹前或背后。

坐姿：轻轻入座，至少坐满椅子的 2/3，后背轻靠椅背，双膝自然并拢（男性可略分开）。对坐谈话时，身体稍向前倾，以此表示尊重和谦虚。如果长时间端坐，可将两腿交叉重叠，但要注意将腿向回收。

蹲姿：一脚在前，一脚在后，两腿向下蹲，前脚全着地，小腿基本垂直于地面，后脚跟提起，脚掌着地，臀部向下。

走姿的具体要求如下：

（1）男性：挺胸，大步为佳，刚健，有力，豪迈，稳重，好似雄壮的“进行曲”，坚定，刚毅，洒脱，气势磅礴，具有阳刚之美。

（2）女性：轻盈，玲珑，宛如柔婉的“小夜曲”，怡静，柔情，具有阴柔之美。

（3）理想的行走路线：脚正对前方，脚跟落在直线上。

（4）步线和步度：3厘米水平距离。

（5）不要多人一起并排走，不要勾肩搭背。

（6）上下楼梯不要弯腰弓背，不要一步踏几个台阶。

在职场里，形象包装还有一个重要的环节不可忽视，那就是微笑！微笑不仅仅是自信的表现，而且是心理健康的标志，也是礼仪修养的充分展现，能充分体现一个人的热情、修养和魅力。

简历的包装

简历是职业人的门面，既然是门面就要精美和亮丽。就我个人经验而言，这几年所见到的很多求职者，尤其是女性的简历简直让人费解：你说你应聘助理，有必要把泳装或者艳照拿出来吗？简历不需要复杂，简历要求的就是简单。当然，也不是随便拿纸在上面写上几句就算了事，简历首先要求具备几个基本要素：年龄、性别、婚否、毕业院校、专业。其次是你在学校或者在企业的经历，重点是要强调你的成绩或者业绩。最后谈谈你的优点和爱好。方便的情况下，也可以谈谈自己的座右铭，当然，要有深度！

职场里的形象包装是求职者的第一通行证，“一见钟情”很重要，人与人之间都有一个气场，如果面试官从看到你的第一眼就欣赏你，你的机会就来了。反之，即使你学富五车，如果面试官对你的第一印象不好，那么给你复试的机会就会很渺茫。所以每一次面试，都要做好此项准备，临出门前多照几次镜子，满意了再出门，如果连自己都不满意，相信满意你的人也多不到哪里去。你要把面试当成相亲，如果成功了将决定你一辈子的幸福。那样的话，你一定不会穿着骷髅头的上衣，下身大短裤，脚蹬沙滩鞋。那不是去面试，是去海边有鲨鱼的地方视察！

人靠衣妆马靠鞍，千万别因面试官对你的第一印象不佳，而令你与青睐的岗位失之交臂……

第二节 面试的语言包装

面试过程中，语言的交流和沟通至关重要，你的技巧、胆识、语言魅力都决定了你是否有复试和进入企业的机会。如何通过沟通（初试）赢得对方的信任和肯定？如何百分百地展示自己的专业实力和水平？如何才能游刃有余地回答面试官的问题，获取主动权？这都需要技巧和功底！例如，在广东省烟草局这几年的大学生招聘上，在三选一的过程中，很多人都在面试这一环节败北，原因就是回答问题不流畅、没有做充分的复试前的准备。当时采用的面试方式为结构化面试和非结构化面试两个环节。

所谓结构化面试，就是首先根据对职位的分析，确定面试的测评要素，在每一个测评的维度上预先编制好面试题目并制定相应的评分标准，对被试者的表现进行量化分析。不同的测试者使用相同的评价尺度，对应聘同一岗位的不同被试者使用相同的题目、提问方式、计分和评价标准，以保证评价的公平合理性。

非结构化面试则没有固定的面谈程序，评价者提问的内容和顺序都取决于测试者的兴趣和现场被试者的回答，不同的被试者需要回答的问题可能不同。非结构化面试的特点是灵活，获得的信息丰富、完整和深入。

结构化面试重点从表达能力、专业技巧、价值观取向三个方面综合评估复试者的能力。

非结构化面试通过形形色色的问题评估复试者的应变能力、沟通技巧及思维敏捷程度。非结构化面试的问题看似简单，其实每个问题后面都蕴藏着陷阱和判断标准。诸如：你父母的生日是哪一天？（考察孝心）在动物的物种里你最怕的是什么？（考察恐惧感）如果用一种动物来形容你的品格，你会用哪一种动物？（考察品格与精神）如何同聋哑人沟通？（考察沟通能力）如何支配你的薪水？（考察统筹能力）等。因此，在面试的过程中，你必须设想到面试官所问及的各类问题，做好充足的准备，从容应对。

面试的测评手法

面试通常是通过各种手段和工具对人才进行系统的测评，以下介绍几项常用的手法与测评工具：

1. 履历分析

个人履历档案分析是根据履历或档案中记载的事实，了解一个人的成长历程和工作业绩，从而对其人格背景有一定的了解。近年来这一方式越来越受到人力资源管理部门的重视，被广泛地用于人员选拔等人力资源管理活动中。使用个人履历资料，既可以用于初审个人简历，迅速排除明显不合格的人员，也可以根据与工作要求相关性的高低，事先确定履历中各项内容的权重，把申请人各项得分相加得总分，根据总分确定选择决策。研究结果表明，履历分析对申请人今后的工作表现有一定的预测效果，个体的过去总是能从某种程度上表明他的未来。这种方法用于人员测评的优点是较为客观，而且低成本，但也存在几方面的问题，比如：履历填写的真实性问题；履历分析的预测效度随着时间的推进会越来越低；履历项目分数的设计是纯实证性的，除了统计数字外，缺乏合乎逻辑的解释原理。

2. 笔考心理测试

心理测试是通过观察人的具有代表性的行为，对于贯穿在人的行为活动中的心理特征，依据确定的原则进行推论和数量化分析的一种科学手段。心理测试是对胜任职务所需要的个性特点能够最好地描述并测量的工具，被广泛用于人事测评工作中。

3. 标准化测验

标准化的心理测验一般有事前确定好的测验题目和答卷，详细的答题说明，客观的计分系统、解释系统，以及测验的信度、效度和项目分析数据等相关的资料。通常用于人事测评的心理测验主要包括下面几类：

（1）智力测验。

（2）能力倾向测验。

（3）人格测验。

（4）其他心理素质测验，如兴趣测验、价值观测验、态度测评等。

4. 投射测验

投射测验主要用于对人格、动机等内容的测量，它要求被测试者对一些模棱两可或模糊不清、结构不明确的刺激作出描述或反应，通过对这些反应的分析来推断被试者的内在心理特点。它基于这样一种假设：人们对外在事物的看法实际上反映出其内在的真实状态或特征。投射技术可以使被试者不愿表现的个性特征、内在冲突和态度更容易地表达出来，因而在对人格结构、内容的深度分析上有独特的功能。但投射测验在计分和解释上相对缺乏客观标准，对测验结果的评价带有浓重的主观色彩，对主试和评分者的要求很高，一般的人事管理人员无法直接使用。

5. 情景模拟

情景模拟是通过设置一种逼真的管理系统或工作场景，让被试者参与其中，按测试者提出的要求，完成一个或一系列任务。在这个过程中，测试者根据被试者的表现或通过模拟提交的报告、总结材料为其打分，以此来预测被试者在拟聘岗位上的实际工作能力和水平。情景模拟测验主要适用于管理人员和某些专业人员。

（1）文件筐作业。

将实际工作中可能会碰到的各类信件、便笺、指令等放在一个文件筐中，要求被试者在一定时间内处理这些文件，相应地作出决定、撰写回信和报告、制订计划、组织和安排工作。这是考察被试者的敏感性、工作独立性、组织与规划能力、合作精神、控制能力、分析能力、判断力和决策能力等。

（2）领导小组讨论。

安排一组互不相识的被试者（通常为6～8人）组成一个临时任务小组，并不指定任务负责人，请大家就给定的任务进行自由讨论，并拿出小组决策意见。测试者对每个被试者在讨论中的表现进行观察，考察其在自信心、口头表达、组织协调、洞察力、说服力、责任心、灵活性、情绪控制、处理人际关系、团队精神等方面的能力和特点。

（3）管理游戏与角色扮演。

以游戏或共同完成某种任务的方式，考察小组内每个被试者的管理技巧、合作能力、团队精神等方面的素质；测试者设置一系列尖锐的人际矛盾和人际冲突，要求被试者扮演某一角色，模拟实际工作情况中的一些活动，去处理各种问题和矛盾。

面试中可能遇到的问题

面试中的很多问题是无法判断和确定的，完全取决于当时的心理状态和对问题的理解程度，要想对答如流，就得站在企业的角度考虑问题，要想无懈可击，就得对提出的问题有针对性地回答。面试的问题林林总总，每类问题都是企业判断你是否适合的关键。以下就各类问题简单列举，以便读者在日后的职场面试中找到制胜的对应策略。

1. 初试常规性的问题

通常面试官在初试过程中都会涉及以下几个问题，必须小心应对！

（1）让你简单介绍一下自己。

这个问题你必须全方位地、系统地、有重点地、有亮点地概括自己。

（2）你为何选择此岗位？

你必须就个人专业优势与岗位的匹配度阐述你有能力做好此岗位的信心。

（3）你对我们企业了解吗？

此问题是考察你对企业的关注程度，所以作为求职者，必须关注你应聘的行业信息，要坦诚谈出你对行业了解的真实情况……

（4）你未来三年的职业规划是什么？

重点强调追求学习进步，积累经验，提升自我价值。

（5）你为何离开你上一家企业（大学生除外）。

此问题回答的最大忌讳就是谈及上一家企业或者老板的坏话。你可以从为了寻求更高的发展平台谈起……

（6）你对工资的期望是怎样的。

这个问题非常敏感，通常也是最后才问到的。面试者和企业谁先说，谁就把自己逼到了死角，丧失了主动权。因为，如果面试者说出的期望值过高的话，就会与应聘企业内部设置此岗位的工资不匹配，对方只能望才兴叹了。如果面试者说出的期望值过低，企业面试官将怀疑你的能力，认为你可能说得好，但你个人可能存在很多负面的方面。或者你的实际能力很高，错误判断了对方企业的规模和薪酬水平，即使进到了企业，你也会后悔不迭。因此，就这个问题的最好回答是：每个企业都有自己的薪资水平，我看重的是企业的平台和我未来发展的空间，至于薪资问题，我尊重贵企业就本岗位的薪资水平……进可攻，退可守，一个字："牛"！（前提是你真正想在这个企业发展，而且非常重视你目前面试的岗位！）

2. 团队意识方面的问题

团队合作是企业成长和发展必不可少的组成部分，一个具有团队意识的人既能带动他人完成共同的工作目标，又能团结合作并对企业有着很高的热情。下面这些问题主要帮助企业考核应聘者是否具备这些素质。

（1）你认为一个好的团队管理者的最主要特点是什么？为什么？

（2）请你讲出你在团队工作背景下遇到的最具有创造性和挑战性的事情。你是用什么方法鼓励他人和你自己完成这件事的？

（3）管理人员能否不作任何说明就让员工去干某项工作？为什么？

（4）你在什么情况下工作最有效率？

（5）你认为怎样才算一个好的团队者？

（6）你认为做一个好的员工和当一个好的团队者有什么区别？

（7）若某位员工经常迟到、早退、旷工，或不愿意干活的话，会给整个团队带来什么样的问题？这些问题该怎样解决？作为团队的一员，你是怎样改善这种情况的？

3. 沟通技能方面的问题

不论什么工作，沟通都是很重要的一部分。其实，工作责任越大，对这个职位上的员工的沟通能力要求就越高。现场面试是考核应聘者沟通能力很好的办法。面试中，企业有机会了解应聘者表达的思想是否具有说服力，概念描述得是否清楚，思路是否有条理，用词是否准确，是否能吸引听者的注意力，以及应聘者是否能保持与对方的视线等。下面一些问题主要用来测试应聘者的沟通技能。

(1) 某人说话不清，但是你还必须听他的话，你要怎样回答他的问题才好?

(2) 一个好的沟通者应该具备哪些条件?

(3) 如果和一个有非常糟糕习惯的人在一起工作，你会怎样使对方改变他的不良行为?

(4) 若让你在企业董事会上发言，你该怎样准备发言稿?

(5) 你认为最困难的沟通的问题是什么？为什么?

(6) 你认为良好沟通的关键是什么?

(7) 假如你的两个同事的冲突已经影响到整个团队，让你去调节冲突，并使冲突双方能够自己解决问题，你会怎么做?

4. 工作主动性方面的问题

工作是否有主动性是企业要从应聘者那里了解的非常重要的事项之一。工作积极主动的人往往具有不断探索新办法来解决问题的精神。这类员工还会给企业和其他员工带来崭新的思维和方法，以解决企业存在的难题。下面的问题主要考核应聘者这方面的素质。

（1）工作中或者学习中使你最满意的地方是什么？

（2）在你前任工作中，因为你的努力而使企业或部门发生了什么样的变化？

（3）你认为在工作中什么被视为是危险的情况？

（4）哪些经历对你的成长最有用？你怎样确保在这儿也会有同样的经历？

（5）为了做好你工作分外之事，你该怎样获得他人的支持和帮助？

5. 适应能力方面的问题

每个企业都在不断变化发展，都非常希望自己的员工能适应企业的发展。因为适应企业发展的人会明白，为了企业的发展，变化是企业日常生活中重要的组成部分。适应企业发展的员工遇到矛盾和问题时，能泰然处之。下面的问题主要考核应聘者这方面的能力。

（1）据说有人能从容避免正面冲突，请讲一下你在这方面的经验和技巧。

（2）当某件事老是没有结果时，你该怎样做？

（3）你的老板给你分配了一件与你工作毫不相干的任务，这样，你的本职工作就无法完成了，你会怎样做？

（4）假如让你做一项工作，这个工作估计一周就能够完成。干了几天后，你发现，即使干上三周也没法完成这个任务。你该怎样处理这种情形？为什么？

（5）请讲述一下你本来不喜欢，但企业却强加给你的一些改变。

（6）为了完成某项工作，你有很多需要学的东西，但是时间又特别紧。你会用什么方法来学会这些东西并按时完成这项工作？

6. 应届毕业生可能面对的问题

应届毕业生没有工作经验，于是，学习能力及其日后的管理潜力就成为一个重要的考核标准。同时，招聘者一般也会希望应聘者有决定能力、毅力(时间加努力等于成功)，或是能够看清人的能力。下面的问题就是为上述目的服务的。

(1) 你为什么想读大学?

(2) 你为什么选择××大学（学院）读书?

(3) 大学时，你为什么选择××专业?

(4) 如果你在大学（学院）做过兼职工作的话，你认为哪种兼职工作对你最有意义？为什么?

(5) 你最喜欢的课程是什么？为什么？你最不喜欢的课程是什么?

(6) 你认为你所受的教育对你生活的最大意义是什么?

(7) 你认为学校的分数重要吗？学校的评分制度有什么意义？它能体现出什么来?

(8) 你哪门课学得最好？为什么?

(9) 哪些课程学得没有你想象的那样好，为什么？你怎样来加强那几门课程的学习的?

(10) 你的专业课程中，哪些课程你最感兴趣?

(11) 你在大学时遇到的最有挑战性的事情是什么？为什么你认为那件事对你最具有挑战性?

(12) 介绍一下你的课外活动。你为什么愿意从事那些课外活动？通过那些课外活动，你都学了些什么?

7. 考核应聘者目标的问题

很多应聘者把他们的能力、价值观和技术等说得绘声绘色，甚至向企业保证，不是因为以前工作表现差而离职的，而是应聘者本人决定离开企业的。为了评估该应聘者对企业工作的适任情况，企业往往需要搞明白应聘者的目标究竟是什么，然后再看看企业的职位是否能满足应聘者目标的实现。下面的问题就是评估应聘者这方面的情况的。

（1）你为什么对我们的工作职位感兴趣？

（2）哪些原因导致你考虑离开你目前的企业？

（3）你想在我们企业找到哪些在你原来企业找不到的东西？

（4）对你来说，什么样的工作氛围才是非常适宜的？

（5）经常跳槽是否代表着员工的工作能力强？

（6）在什么情况下你才不会离开你现在的工作岗位？

当然还会涉及更多，比如：决策和分析能力、服从意识、交际能力、时间管理能力、独立思考能力等，相关的面试试题在这里就不一一涉及了。总之，优秀的沟通能力结合敏锐的反应速度会为你带来意想不到的好效果，只要淡定、从容、真诚、正直、积极向上、乐观大方，成功之门就已经为你打开。

压力面试法

初次面试和沟通后，人力资源部门只是确定你为合格的候选人，接下来的几天，经过筛选后你才被确认为复试人员，然后通知你去复试。复试你的主考官也许是你未来的上司，也许是更高级别的老总甚至老板。初试回来后，你的准备工作要做得更加具体和充分。无论是对以上谈到的两项包装，还是对你面试企业的情况，从企业产品、发展状态、企业文化、市场状况等都要有一定的认识。

记得在做职业经理人时，我的一次面试是这样的。当时我应聘的是广东省中山市一家著名的房地产公司，职位是集团办公室主任，在人才市场初试时我顺利过关，很快被通知参加复试。复试当天我做了充足的准备。当时复试这个岗位的加上我共5个人，约的时间是下午2：00点，当我2：00到的时候已经有3个人坐在一楼靠在墙边的沙发上等待。接待小姐很客气，也很靓丽，身穿水红色的旗袍、白色的皮鞋，面带微笑，某种意义上体现了该企业的一种文化。过了不久，我们几个看到第一个面试者垂头丧气地从我们身边走过去，一副斗败公鸡的样子，然后门外传来了怒吼的汽车发动声。真牛，还开着车来面试，不知是羡慕还是醋意支使着，我不屑地朝外面瞟了一眼。第二个出来时比第一个更糟糕，脸色蜡黄，身体像一片树叶一样，走不稳，我心里想，不就是复试吗，又不是上刑场！第三个也好不到哪里去，下来后，那种悲壮的情绪就像刚杀了日本鬼子！我排在第四，这时候，还是那个很有礼貌的小姐，走到我身边，说：您是刘先生吧？请跟我来！我起身走在小姐的身后，她带我上楼，打开一扇门，很大很大的一个厅，大到什么程度，到今天都没有想明白，总之视觉中漆黑一片，刚开始还能感到一点光亮，可是越走越黑、越走越黑，心里想：该不是进了“黑店”了吧。我生怕跟丢了，一步也不敢落下地跟着前面的小姐，看不清楚，还好，借着微弱的光线能看到前面小姐的皮鞋是白色的，又走了一会，刚刚适应一点点，突然，眼前一亮！那种亮光刺得你根本无法睁开眼，完全是下意识地在往前走，稍微适应点，才发现有一个人举着至少1000瓦的投影灯，一个人肩扛着一台摄像机随着我的前进后退着，我走他们就退，我不怀好意地恶狠狠地想，你退吧，你退吧，摔你一跤才好呢！又走了一会，前面引领的小姐打开了另外一扇门，带我走了进去。这个时候，投影灯突然关闭，我的眼睛好大一会才适应过来，看到是一个大约80平方米的房子，正前方摆着一个椭圆形的大会议台，台上坐着7位面试官，在他们的对面放着一个小得只能坐下半个屁股的凳子，而且非常矮，我必须抬起头仰视才可以看见他们，感觉自己像一只待宰的羔羊，更像进了审判庭。他们的面试从这一刻才刚刚开始，首先由中间的一位女面试官发问，我机械地回答，然后从左到右依次发问，我的大脑还没有从刚才那种忐忑不安的情绪中摆脱出来，我的回应完全没有了从前的洒脱。期间，投影机对着离我不足1米的地方，因为凳子太小，我的屁股不停地变换左右，这个时候面试又回到了最中间的女面试官，她问了一个很有挑战性的问题：请你用30秒钟给我们介绍一个你最满意的典型案例！顿时我的大脑一片空白，停顿了约20秒，我才开口说话，讲述了一个曾经组织过100位记者的招待会……接着她问到对工资的期望值、何时上班等，最后问我，对他们企业有什么想了解的……我没什么可问的，只想尽快逃离这个鬼地方。因为我完全乱了阵脚，没有章法。当小姐把我带到楼下，最后一个候选人幸灾乐祸地看着我，我可以想象我当时的狼狈相……我白了他一眼，心想，哼！你走着瞧吧……

几天后，我接到了另一家企业的通知，进到了南方李锦记，这个时候也接到了上家房地产公司的录用通知（可能是瘸子里面挑将军，我还算最好的），当时我回绝了上家房地产公司。又过了两周，我代表南方李锦记去人才市场招聘，没想在我们的摊位对面，再次碰到了那家房地产公司的招聘负责人谢经理，他们依然在现场招聘集团办公室主任这个岗位。谢经理毕业于武汉大学，是个非常优秀的职业经理人，在我们两个人沟通的过程中，他问我为何拒绝了企业的录用通知。我告诉他："你们企业的压力面试法，使我对自己失去信心，感觉离你们的要求还很远，而且我对你们面试现场的摄像有想法。"他说："我们的这次面试是要拷贝成录像带传送给美国的总裁，我们从你的走姿、站姿、坐姿、思维、意识、专业能力、沟通技巧、心理素质方面等综合考核。我差点没气晕，我说："是不是还要看牙口齐不齐？我可长着一口狗牙呢……"

压力面试法在职场里用得越来越广，越来越多！良好的心理素质很重要，专业的沟通水平同样重要，从那家房地产公司回来，我把他们涉及的形形色色的刁钻古怪的问题，反复推敲，认真研讨，收获不小。

第三节　职场的经验包装

过关斩将，凭的是你的勇气和智慧，像新兵入伍一样，进入了企业，首先要感谢自己的勇气和运气，其次是感谢企业接纳了你这个羽翼未丰的青年，最后要感谢抚育你的父母和栽培你的师长，是他们在后面默默支持着你，引导着你迈向阳光大道。进入企业，进入一个全新的组织里面，背负着的责任与日俱增。因为赏识你的企业在关注着你，你的每一分成功和进步都凝结着辛勤的汗水。很多员工进入企业后的表现和面试时表述的凌云壮志迥然不同，总以为进入企业了，就万事大吉，得过且过，混一天少一天。其实这一刻，你必须思考以下四个核心问题。

企业究竟是什么

1. 学习的场所

在企业你完全脱离了学校，但是又不能放弃学习，企业里的运作流程你要明白，企业的产品你要熟悉，企业的管理你要领悟。企业是你职场知识积累的最好的平台，当真的有一天你离开现在工作的企业，你也要做到无悔曾在这个企业服务过，因为它带给你很多很多的知识，谈到企业运营的任何一个环节，你都要做到心领神会。

2. 个性、能力发挥的场所

在新的企业里，要充分展示自己的才华，这个场所好似战场，能者上，平者让，庸者下，只要你是金子，就一定能发光。为企业更多更好地创造价值，你的自身价值也会增值。

3. 获得生活费用的场所

企业会为你带来财富，你可以丰衣足食，前提是你的付出和回报永远成正比。付出越多，回报越多，虽然不能完全只盯着“钱”，但是你的收入是和你的能力成正比的。

4. 培养人际关系的场所

工作场所是你培养人际关系的重要场所，当你有所突破，自己做企业时，工作场所积累的人脉资源将成为你最大的财富。

5. 生活的重要场所

除了吃饭、睡觉，人一天的大部分时间都在工作之中，简单来说，工作场所是生活的重要场所之一。你必须学会快乐地工作、快乐地学习和快乐地生活。有的人进到工作岗位像进了刑场，痛苦不堪。工作时间占了生命中这么大的比例，开心也要工作，不开心还是要工作，何不把工作当成一件舒心的事情来完成呢?

企业人工作的基本守则有哪些

在企业不比在学校，每个人都包容你、担待你，企业就是企业，有流程、有规范、有游戏规则，作为职业人，也应该有自己的基本守则！

守则 1：永远比上司期待的工作成果做得更好。

守则 2：懂得提升工作效能和效率的方法。

守则 3：一定要在指定的期限完成工作。

守则 4：工作时间集中精神，专心工作。

守则 5：任何工作都要用心去做。

守则 6：要有防止错误的警惕心。

守则 7：做好整理整顿。

守则 8：秉持改善工作的意识。

守则 9：养成节省费用的习惯。

基本守则仅仅是基本的要求和准则，但有很多人仍然无法做好这九项基本的守则，这又何谈让职业生涯走向巅峰！国有企业和私营企业最大的差距就是体制问题。在国有企业里，你有能力也许不能得到肯定和发挥。但私营企业不会这样，流程简单，体制合理，你的能力能得到充分发挥，不必有什么大的顾忌，只要努力做事，为企业创造财富，你就是最好的、最棒的。

怎么使自己更加职业化

无论进入什么样的企业，从进去的那一天起，你就要思考来到这个企业为了什么？这些年我总结的经验是：开始为了生存，为了自我增值，我会选择一家发薪准时、工资过得去、文化氛围好的企业。准确地说，我是选择企业。后来，随着自己在职场里的成长和进步，我就选择能给我提供良好平台的企业，能充分给我授权的企业，准确地说，我是选择一个好老板，或者说是合作伙伴！所以，进入一家企业能不能学到东西固然重要，但能不能有发展和进步的机会更加重要。职业修炼不是一朝一夕的，职业人要不断使自己更加成熟、更加职业化，无论走在街上还是走进职场，浑身都透着一种智慧和大气，这才是职场人士的终极追求。

那么，什么是职业化呢？职业化是企业员工对工作的一种胜任能力，通俗地讲，就是你有没有这个能力来担当这个工作任务，职业化技能大致可以包括两个方面的内容。

1. 职业资质

学历认证是最基础的职业资质，专科、本科、硕士、博士等，通常就是进入某个行业某个级别的通行证。其次是资格认证。资格认证是对某种专业化的东西的一种专业认证，比如会计，就必须拥有会计上岗证。学历认证和资格认证都是有证书的认证，但是在现实中，还有一种没有证书的认证，那就是社会认证。社会认证通常就是你这个人在社会中的地位，比如，你是某个行业著名的专家、学者，即便你没有证书认证，但是社会承认你，这就代表着你在这个行业、这个领域的资质。我们也把这种认证称为头衔认证。

2. 职业通用管理能力

每一个人，在企业中都不是一个独立的个体，而必须与上司、下属、同事等交往，形成一系列的关系链。在这些关系链中，必然就产生了向上司的工作汇报、向下属的任务分配，以及同事之间的沟通、协作与配合。同时，一个员工还必须对自己进行有效管理，包括时间的管理、心态的管理、突发事件的处理等。这些通用的管理能力，是你在生活和工作中间都必须具备的能力。通用能力的高低，在某种程度上决定着你的实际工作能力高低，它与职业资质互为补充形成员工的实际工作能力。可以这么说，一个职业资质和通用管理能力都比较高的员工，他的整体工作能力一定是良好的。

一个职业化程度高的员工，他必将成为一个优秀的员工；一个团体职业化程度高的企业，它必将会成为一个被社会尊敬的企业。

职场人的职业化需要具备如下几个条件：

(1) 以实用为导向的知识体系。

博览群书，学富五车，真正地把所学的知识和企业实际相结合。

(2) 以专业为导向的技能。

专业就是专业，容不得丝毫的虚假，让专业为技能服务。

(3) 以敬业为导向的态度。

敬业是职业人在职业操守与道德中非常重要的一环，在绩效考核中，德、能、勤、绩中的德摆在第一位，也是企业最为关注和重视的，因此，每个职业人敬业的态度是职业化不可缺少的。

(4) 以生存为导向的心理。

活在当下，人是铁，饭是钢，三顿不吃饿得慌。生存是基本，饭都吃不饱，抱负和理想就更难实现了。职业化讲究的务实，不是雾里看花，更不是水中望月。

(5) 以结果为导向的思维。

做得再多，没有好的结果，依然是徒劳无功，很多企业老板关注结果，杀一头猪，杀头杀屁股是你的事情，只要把它杀死，这就是结果。职业人的职业化要有以结果为导向的思维和信念。

（6）以开放为导向的价值观。

价值观是什么？价值观是人们对事物主观判断的信念体系，是人的行为的基本驱动力，是获得知识、掌握技能、形成态度和倾向，进而形成世界观的基础。孤芳自赏、闭门造车不是以开放为导向的价值观。

现在经常听到“职业经理人”的说法，然而，真正做到职业化的经理人是很不容易的。职业化的经理人在职业心态、职业素质、职业形象、职业能力等各个方面都有很高的造诣！

如何通过经验包装，真正做到自我增值

职场是磨炼自我意志和专业的平台，在这个平台上，工作经验的积累相当重要。想想刚毕业时在人才市场的尴尬，想想因为没有工作经验面临的碰壁，该认真地总结一下了。这一站未必是你的第一站，但是是你起飞的第一站，千万不要忽略了它！随着你经验的积累，随着你职业化的素质和修为，个人潜在的优势会越来越明显。常言道：铁打的营盘流水的兵。我不崇尚一个人在一家企业工作就从一而终，从人生的日出走向日落。第一家企业就像你走向社会的第一所学校，同时也是你迈向成功的跳板。

人通常是有惰性的，不能因为企业还过得去就止步不前，当然我也不是鼓励你拼命地跳槽。我的经验是，步入社会初期，也就是进入企业初期，职位和薪水要越跳越高，不能坐等着企业慢慢地赏识你，那样黄花菜都凉了（当然特殊情况例外）。因为人不仅会随着环境的变化而变化，更会随着职位的变化而变化。水往低处流，人往高处走，假如你从这个企业做员工跳到另外一家企业做员工，奉劝你千万别跳，因为你没有真正看到自己已经提升的价值，要看清自己的优势和价值！

“艺高人胆大”、“不想当元帅的士兵不是好士兵”，在企业工作期间，多向比你有成就的人学习，多和他们相处。清晰记得，2004年我在广东东莞牡丹电视机厂的时候，我们一个宿舍住了4个人，其中一个叫荆××的管仓库的仓管员，刚从安徽老家来几个月，有幸进入我们企业，并且和我们住在一个宿舍，顺理成章地每天和我们在一起，大家相处得非常好。这小子学习能力非常强，也非常醒目（聪明），遇到不懂的就问，很快就了解了我们3位经理的工作职责和管理策略。过了没多久，他居然告诉我们要跳槽，其他两个经理都很吃惊，我鼓励他说：你一定行的，和我们这几个经理相处快一年了，出去怎么也得弄个经理，只有这样，才能真正发挥你的能力和价值。果不其然，他去了两次人才市场真的如愿以偿，居然去了深圳光明××公司做了仓储运输部经理，而且薪水翻了3倍以上，令其他两个经理瞠目结舌、自愧不如……

跳槽是职场里再正常不过的提升自我价值的路径之一。“经验完全是跳出来的”，这句话我不敢苟同，但是跳槽某种意义上确实为增加职场经验打下了基础。只有敢想敢做的人，成功才会在遥远处等着你。想想当年我跟另外两个朋友一起南下在人才市场找工作，夜幕降临无处可去，然后上到广州天河区好望角三十楼上，看着下面高楼林立，车水马龙，我说：我希望通过十年，在广州的土地上也要有我的公司、我的房子和车子。另外一个朋友说：真没志气，我想有一栋属于我的大楼。最后一个说：你们想得太远了，安定是最重要的，我觉得在广东能生存下来就不错了。十年真的是个分水岭，十年磨一剑，一切都应验了我们当年的梦想。我因为一直在企业里从事管理，现在成了管理公司的老总。而想有一栋大楼的朋友，志向远大，成了一家集团公司的董事长，房地产做得很火，旗下有几十家分公司，光宝马、奔驰就有十几辆。最后那个朋友从来广州至今，仍然在广东中山张家边工业区的一家台资企业做经理，他很满足，从一个仓库管理员做到经理也真的很不容易，他真的是一步一个脚印地走到今天。有时候我们一打电话到他们单位，就开玩笑地说：麻烦让“库头”接个电话。那边马上传来“库头、库头，你的电话，是个长途……”

当然，我不能用财富来形容人的成功，物质上的成功固然重要，内心世界的丰富和成功才是真正的成功。但是，在现实社会，一个人物质上的财富无疑会和他的精神世界相关，也和他的自我价值的实现相关，更和他对社会的付出与贡献息息相关。一个职业人要有思想和胆识，把想的东西变成现实，不能光停留在脑子里，因为80%的人在想，我赚到钱做什么？只有20%的人在想，我做什么能赚到钱……

说到经验包装，就是让你在企业学到傍身之技！让经验丰满你的羽翼。

我来广东打工近20年。头3年不算做厨子的3个月，1年一家单位；中间的4年，2年一家单位；最后的单位做了5年，其他的时间都是自己创业，经营自己的企业，靠我在很多企业打拼的经验来完成我的梦想！那么，如何通过经验包装、真正做到自我增值呢？

1. 要获得大量的产业信息

知识竞争的年代，信息是获得成功的关键。在一个企业里，切记不能光低头拉车，不抬头看路。无论企业多么偏远，多么闭塞，都要充分掌握大量的同行信息，对相关行业要有充分的了解和认识。大量信息的获得，才能做到知己知彼。到你第二次面试或起飞的时候，你掌握的信息就是一件无价的法宝！

2. 要尝试评估自己在同行中的价值

要充分评估自己的优势，时不时把自己放在天平上称称自己的分量。具体的做法是经常到人才市场走走，经常把简历往相关网站上放放，经常关注一下企业通过猎头公司对某些特定职位和岗位的需求等，这样做最大的好处是不让自己“坐井观天”。虽然大多数企业老板都希望你从一而终，但那是单方面的想法，不代表你的主观意志。来到君成公司的员工都会听到我常说的几句话：“你来到这个公司，创造价值很重要，但是，你是否学到更多的知识也是我关注的。如果你离开公司，在君成没有学到一点东西，我感到很失望。如果你跳槽了，到了另外一家公司做相同的工作和职位，走出去我不认识你。如果你跳槽了，出去做更高的职位我支持你。如果你出去当老板了，我会去给你送花篮，如果资金紧缺，我还可以帮助你……”

通过经验的沉淀实现职场的自我增值，这是职业人不断提升的必由之路。实实在在地进行职业化修炼，使自己在职场里拥有更锋利的矛和更坚实的盾，才能做到攻守兼备。那些在职场中有专业水准且经验丰富的人，才能真正得到企业的垂青。

第四步　你一定要掌握的识人术

有人的地方就会有矛盾，有矛盾的地方就会有斗争。赢得一场战争，首先得了解你的对手，只有了解你的对手才能胜出，只有了解你对手的性格模式，才能有效克敌。职场里会遇到来自五湖四海、形形色色的人，老板、客户、上司、下属、平级同事等，有不同的生活习惯、不同的经历背景、不同的价值观，要和他们和睦相处，要“管理”好你的上司，让他授权并青睐于你，要让你的客户信任你，要让你的同事理解你，要让你的下属配合你，你就需要首先了解他们的性格模式。他们心里想什么，想得到什么，究竟怎样才能让他们在任何时候都不与你为敌，这相当的重要。每个人都有自己的性格。如果你总是用江山易改、本性难移，给自己找很多借口的话；如果你总是我行我素，从不站在对方的角度考虑、分析问题，总是以自我为中心，从不试着用对方喜欢的模式与对方相处的话，你的结局就是处处得罪人，很多预期的好事情就会变成坏事情。因为你不了解对方的需求点，也不了解对方的性格模式，无法取得对方的信任和理解。性格模式主宰了一个人的处事态度和行为方式。性格模式之于人脑，犹如电脑程序之于电脑，如果你想与电脑沟通，就得了解它的程序，若想与人沟通，就得了解他的性格模式。

因此，我们这一章重点用四种颜色代表四种性格，来剖析一下四种性格类型人的特点。

第一节　浅析四色性格

什么是性格？所谓性格，就是决定一个人的生活态度和行为习惯的心理动机。不同性格的人对生活的态度和行为习惯通过心理动机表现的形式完全不同。

这里有个小故事与大家分享：

雨后，一只蜘蛛艰难地向墙上已经支离破碎的网爬去。由于墙壁潮湿，它爬到一定的高度就会掉下来……它一次次地向上爬，又一次次地掉下来……第一个人看到了，他立刻被蜘蛛屡败屡战的精神感动了，并从这里得到启示，于是，他变得坚强起来。

第二个人看到了，他说：这只蜘蛛真愚蠢，它从旁边干燥的地方绕一下就能爬上去，我以后可不能像它那样愚蠢。于是，他变得聪明起来。

第三个人看到了，他叹了一口气，自言自语：这只蜘蛛真是太执著了，何苦呢？如果是我，就另找一个容易攀登的地方，重织一张新网。于是，他学会了随遇而安。

不同性格的人对事物的判断标准不同，对未来的看法不同。经常听到有人说：我的性格太内向了，不好！也有人说，我性格太外向了，歪嘴骡子卖个驴价钱——吃了嘴的亏，整天得罪人，就是说话不太注意造成的……

外向型与内向型的特点

其实，判断一个人是外向还是内向首先要从开放度来谈，所谓开放度，是指一个人与他人分享想法和感受以及培养私人关系的准备程度和意愿程度。

外向的人渴望与周围人接近；轻易分享他们私人生活的事情；他们敞开心扉，直截了当；喜爱身体的接触（特别方式如握手和亲热拥抱）；他们依靠直觉，相信第一感觉；他们灵活随意地掌握时间。

内向人的态度冷淡，防御性强，保持物理和情感距离，闲聊不适用于他们，他们以工作为导向，做事井井有条，强调重点并且享受计划的过程。

可以通过打电话、写信和电子邮件的方式，判断你是哪种性格的人。外向的人语音语调起伏激烈，很容易表现出热情和激动，以非正式的方式与你分享个人感受。电子邮件一般不是很正式，包含大量的个人信息，并有可能出现语序的错误。内向的人则一般只是单调地讲话，很少流露感情或情绪激动，语言很正式，很少会和别人分享他的内心感受。内向的人格式正规，重点明确，务实，注重细节且简洁干净。

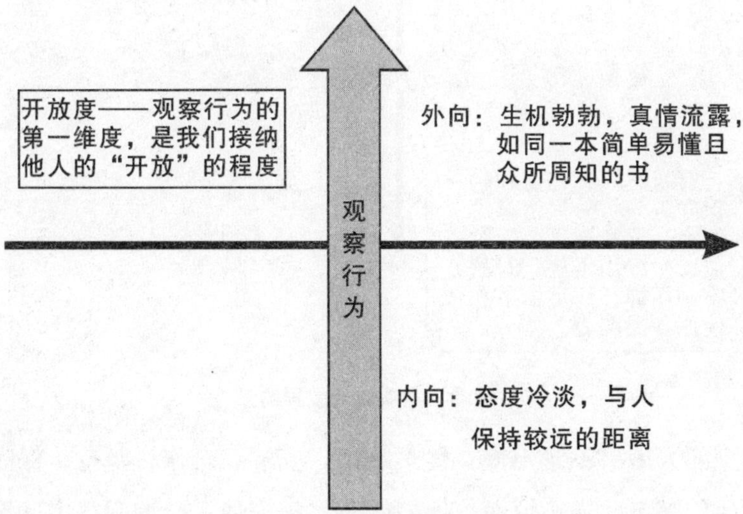

内向、外向性格差异图

被动型与主动型的性格特点

判断一个人的主动和被动要从直接度来看。直接度：一个人在表达需要的时候是否切中要害，它显示了一个人是如何处理问题和信息的，同时也显示了一个人在表达观点、感受和情感时的果断程度。我们通过行为观察可以发现：

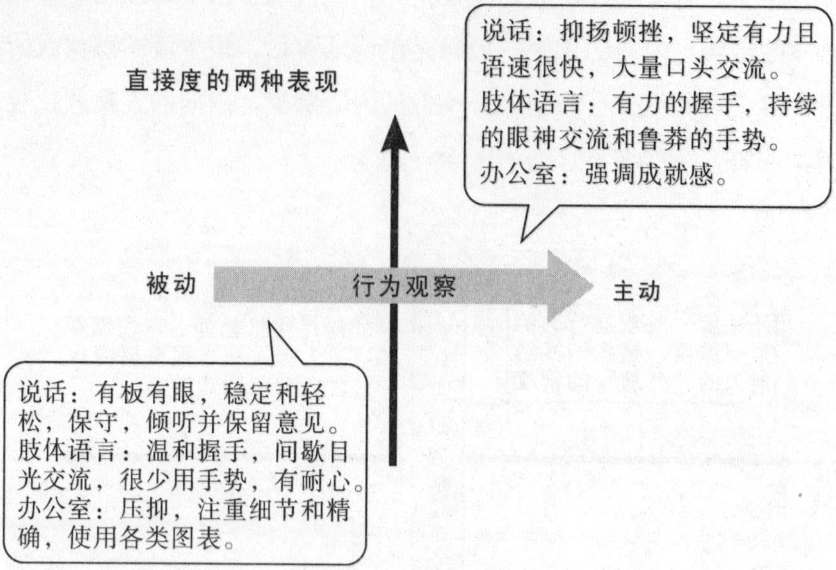

被动、主动性格差异图

被动型的人做事不紧不慢，优柔寡断，安静、合作、坚持、保守并且时常抱怨。他们随意，谨小慎微，他们倾听多于交谈，会询问很多问题，保留自己的观点，被强迫表态的时候发表一些自己的想法，他们不想找麻烦或是激起风浪。

主动型的人表现出大气强势并且行动迅速，他们果断、坦率、健谈，他们说多于问，有竞争力，常处于主导和控制的位置。他们表达想法的方式直截了当。他们语速较快，强调重点，并且随时表露激动与热情。他们使用大量的手势和肢体语言表现出热情和友好。他们跟着感觉走，以情感为导向，很少强调事实与细节，他们倾向于用黑白色看现实。他们对风险有较强的承受力。

通过以上文字和图表，我们可以将外向型、内向型、主动型、被动型的行为特点总结如下：

外向型的行为特点：喜欢敞开心扉与人交流，通过大量的肢体语言，表现自己放松热情、友好的性格，非正式却态度明确，注重整体方案，用富有感情的方式自由表达和分享个人感受。

内向型的行为特点：正式而得体，很少表达感情，并且看上去非常冷酷而且充满防备之心。交流的时候较少使用肢体语言。他们以任务或目标为导向，并且恪守时间。他们镇定，不夸夸其谈，保守且表情冷漠。

主动型的行为特点：勇于接受挑战，竞争力强。试图作出强有力的论断，时刻准备着表达他们的观点。他们通常长篇大论，很少向别人提问，时刻保持着眼神的交流。他们承担风险的限度较高，给人留下了自信的印象，但有时有点盛气凌人。

被动型的行为特点：更加随和，有合作意识，他们表现出安静、害羞和保守。行动缓慢，会对周边较大范围的地域保持警戒，风险承受能力较差。

四色性格的特点

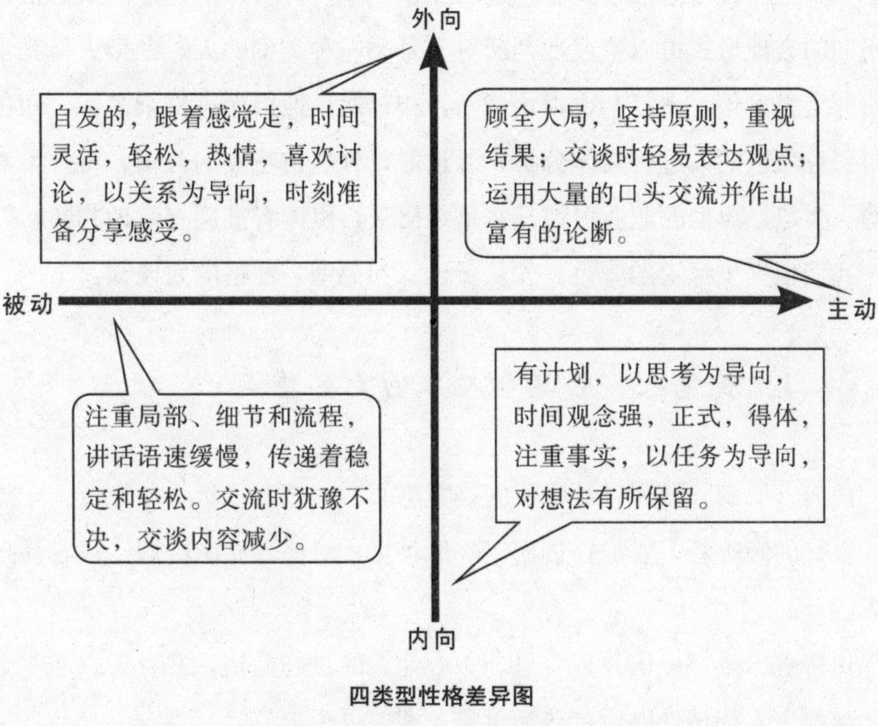

四类型性格差异图

我们已经了解了外向、内向、主动和被动的表现方式，下面我们把这四种表现的方式用红色、蓝色、黄色、绿色四种颜色来定位和区分他们：

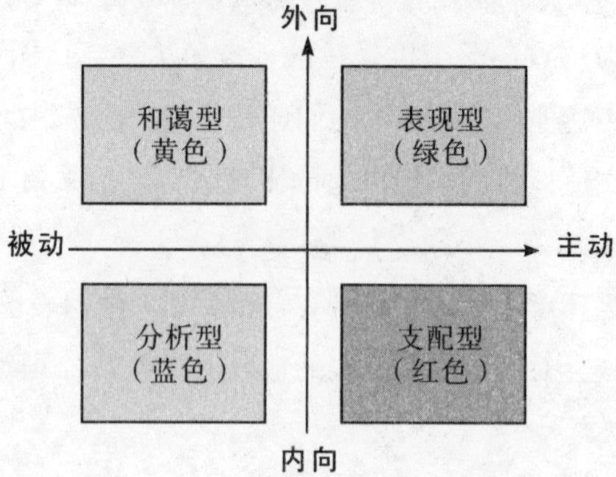

四色性格图

四种颜色代表着不同的四类人群，我们把四色性格分别用和蔼型、表现型、分析型和支配型来表示。每种颜色的人都会通过不同的表现形式在生活和工作中透出自己的性格类型，进入到企业里，针对形形色色的人，根据他们不同的表现形式可以快速地判断对方是哪一种类型的人。九型人格我学习并研究了很多年，太复杂也很难判断，相对四色性格而言复杂多了。四色性格对每种颜色的人进行具体分析，通过对每种性格特点的分析，将各类人的优势、劣势、典型的职业习惯具体呈现出来，供读者准确有效地判断。

我们根据坐标上的颜色，先从黄色（和蔼型）性格的人谈起：

1. 黄色人（和蔼型人）的主要特点

内向、低调、随和，最主要的是有耐心。

良好的倾听者，安静，放松，心地善良，对他人充满怜悯，很容易理解他人。

保持着忠诚、可信并且容忍、关心他人的良好品格，并且讨人喜欢。

与每个人都相处融洽，热情可靠，和蔼可亲。

黄色人是组织里天生的顾问和调解员，典型的风险回避者，世界和平的守卫者，优秀的团队组织者和小组成员，很好的老板，学习型领导。

黄色人忠实顺从，耐心，可靠，有团队精神，倾向于从事帮助性的职业。

（1）黄色人的主要优点：天生良好的技巧，善于调和矛盾、维护和平。

（2）形容黄色人优势的最佳词语：适应性强 、安静的、顺从的、克制的、保守的 、知足的、耐心的、害羞的、乐于助人的、友好的、老练的、始终如一、冷幽默、调解者、容忍的倾听者、满意的、平衡的、令人愉快的。

（3）黄色人的主要缺点：优柔寡断，缺乏特点，犹豫不决并且胆小怕事。

（4）形容黄色人劣势的最佳词语：单调的、不热情、沉默寡言、胆小的、优柔寡断、简单的、漫无目的的、冷淡的、担心的、怯懦的、疑心的、表达不清、懒惰的、行动迟缓、勉强的、妥协的、放任自流的、犹豫不决。

（5）黄色人的最大恐惧：丧失了安全感，害怕变化和不确定。

2. 蓝色人（分析型人）的主要特点

内向，沉默寡言，沉着，有条理，严肃的，挑剔，注重细节，考虑周全，稳定的，富有思想性，谨慎决策，有耐心，时间观念很强，注意力跨度大。

珍视效率，喜爱逻辑并推崇准确性，节奏较慢，不喜欢频繁社交。

重视过程，规划优先顺序，制定详细时间表，按进度办事。

蓝色人是典型的完美主义者，吹毛求疵的人，注重细节的怪人，喜爱图表、数字和列表，工作要求不能出错，逻辑思维技巧要求很强的岗位和职业中均能找到他们。

（1）蓝色人的主要优点：高效，精准，以任务为导向，专注投入。

（2）形容蓝色人优势的最佳词语：睿智的、坚持不懈的、守时的、敏感的、自我牺牲的、有序的、守信的、考虑周到的、深沉的、忠诚的、受人尊重的、计划制订者、有修养的、理想化的、擅长音乐的、深谋远虑、完美主义者。

(3) 蓝色人的主要缺点：过于严肃，生活中缺乏乐趣。

(4) 形容蓝色人劣势的最佳词语：害羞的、不能宽恕的、怨恨的、挑剔的、无安全感、消极的、悲观的、不受欢迎的、疏远的、沮丧的、难以取悦、孤僻不合群的、过于敏感、苛刻的、喜怒无常的、生性多疑的、报复心强。

(5) 蓝色人的最大恐惧：受到批评，与高度无理性的人共事。

3. 绿色人（表现型人）的主要特点

性格外向，冲动，活泼，开朗，喜欢享乐，有人缘，友善，健谈，感情用事，缺乏耐心，乐观，情绪外露，爱找乐子，爱交际。

喜欢聚会，喜欢提高自己的身价，最热衷和他人讨论的话题是自己，渴望成为注意力的焦点。

注意力集中跨度较小，不喜欢细节和案头工作，不愿涉入错综复杂的生活，并生活得杂乱无章。

重视服饰和装扮，不太重视准确性，喜欢即兴发挥。

绿色人天生具有吸引人的魅力，他们相对于取得成就，更渴望得到别人的认同和赞许，注重人的因素和感情因素，渴望成功并由成功带来赞赏。在公众关系、销售、娱乐等职业中，在与人交往中表现突出。

(1) 绿色人的主要优点：受欢迎。

(2) 形容绿色人优势的最佳词语：活泼的、有趣的、热情的、好交际的、令人信服、讨人喜欢、精神饱满、倡导者、自发的、令人愉快的、乐观的、有趣的、情绪外露的、快乐的、鼓舞的、随和的、外向的、健谈的、聪明伶俐的、活跃的、受人欢迎、有活力的。

(3) 绿色人的主要缺点：情绪过于高涨。

(4) 形容绿色人劣势的最佳词语：脸皮厚、纪律性差、重复唠叨、健忘的、喜欢插嘴、不可预测、无计划性、易怒的、幼稚的、渴望被夸奖、多嘴的、无组织的、前后矛盾的、杂乱的、爱炫耀、喧闹的、好动的、喜怒无常的、过分纵容自己的、注意力不集中。

（5）绿色人的最大恐惧：最害怕不受欢迎。

4. 红色人（支配型人）的主要特点

主动外向，精力旺盛，自信，直接，坦率，敢作敢为，意志坚强，足智多谋。

注重结果，以目标和工作为导向，勇于接受竞争和挑战，迅速作出决定。

能应付变革、风险和复杂事物，办事效率高，极具影响力，是天生的领导者，有很强的管理能力和运作能力。

红色人是天生的行动者、撼动者、领导者、主动而迅速的决策者、重大活动的缔造者，所谓的“大男人”或“大女人”，典型的硬汉或女强人，喜欢从事把握控制权的职业，如：军队长官、管理者、经理、足球教练、独裁者等。

（1）红色人的最大优点：让人肃然起敬。

（2）形容红色人优势的最佳词语：敢作敢为、能言善辩、意志坚强、有竞争意识、足智多谋、自力更生、积极乐观、可靠的、坦率的、强大的、顽强勇敢、自信的、有领导才能、多产、行动有力、有决断力。

（3）红色人的主要缺点：对目标过于重视。

（4）形容红色人劣势的最佳词语：专横的、缺乏同情心、顽固的、缺乏耐心、没有爱心、刚愎自用、骄傲的、好辩的、神经质、不圆滑、工作狂、盛气凌人、心胸狭窄、固执的、作威作福、性格暴躁、诡计多端。

（5）红色人的最大恐惧：害怕被人利用、被人戏弄或欺骗。

支配型

· 行为：喜欢掌控局面，经常打断别人的谈话，永不疲惫，缺乏耐心，步伐匆匆
· 优势：有管理才能，积极主动，有宏观思维
· 劣势：缺乏耐心、不敏感
· 厌恶：犹豫不决并且行动缓慢
· 目标：注重效率，以结果为导向，控制
· 害怕：被排挤，被利用

表现型

· 行为：热情、友好，穿着极具个性，天生多嘴多舌
· 优势：说服他人，与他人合作
· 劣势：无组织性，精心，忽略细节
· 厌恶：日常事务，容易厌倦
· 目标：受欢迎，认可
· 害怕：失去名誉，不被喜欢

和蔼型

· 行为：有耐心，优秀的倾听者，低调，放松，拒绝变化，沉稳，恋家
· 优势：服务，倾听，喜欢成为支持小组中的一员
· 劣势：过于敏感，犹豫不决，没有特点
· 厌恶：不敏感，双方缺乏关心
· 目标：接纳，稳定
· 害怕：突然的变革或激励因素

分析型

· 行为：注重细节，精确，防御性强，内向，谨慎，善于决策，重视事实和数据
· 优势：计划性，分析周密
· 劣势：完美主义者，过于挑剔，吹毛求疵
· 厌恶：不可预测性
· 目标：准确性，渐进性
· 害怕：听到批评和与高度无组织性的人共事

四色人性格对照表

人的性格会随着年龄、思想、经历和职业的变化不断变化。通常一个人会有至少两种甚至四种性格特质。但是，无论怎么变化，他性格中最突出的部分是不会变的，也就是说，每个人都有他的主色调和辅色调。通常，在职场和生活中，我们的举手投足都泄露了我们的性格。如我们选择的词汇、肢体语言，以及我们讲话的语速与节奏，我们自己的习惯、做事的方式、视角等。每个人握手的方式，两个陌生的生意伙伴初次相见的反应，每个人的办公室布置，车内装饰、家庭室内装修风格都会彰显我们的性格。在作决策时是否果断，在电话上是否谈论不休，这些细节都显露着我们的性格。

因此，就像生活在玻璃房子中，每个人如同透过玻璃似的真切地看到你的脑子在想些什么。

如何迅速识别不同的性格类型

1. 从声音暗示方面

（1）支配型：强壮有力。

（2）表现型：讲故事的高手。

（3）和蔼型：说话比较缓慢，给人以沉思或不太自信的印象。

（4）分析型：语调变化较少。

2. 从视觉暗示——肢体语言和服饰方面

（1）支配型：衣着干净，保守且很少佩戴首饰，有很多手势和肢体语言。

（2）表现型：喜爱服饰与珠宝，较多肢体语言。

（3）和蔼型：服饰颜色让人感觉温暖与和平，缓慢的肢体语言。

（4）分析型：肢体语言很少，服饰不喜欢张扬的颜色和流行风格。

四色性格分析案例

四色性格我们已经谈了很多，从他们的个性特征和优劣势已经有了基本的了解和判断，相信这一刻你也在思考自己到底属于哪种颜色。接下来我们试着先从企业部门、动物、文学名著或者历史人物等角度来分析四色性格，希望对大家有所启发。

1. 企业部门的四色性格

每个企业都有每个企业的组织架构，每个部门履行的职责也各不相同，根据每个部门的功能，按四色性格的标准，我们大概可以进行如下的划分：

分析型的部门，如：计划部、财务部、审计部。

支配型的部门，如：销售部、行政部、总经办。

和蔼型的部门，如：人事部、客服部。

表现型的部门，如：公关部、市场部。

2. 动物的四色性格

按照四色性格标准，鹰、孔雀、鸽子、猫头鹰四种动物的性格可作如下归类：

鹰属于攻击型的——红色。

鸽子属于和平型的——黄色。

猫头鹰属于理性的——蓝色。

孔雀属于张扬的——绿色。

3. 《西游记》的四位主角及《三国演义》中曹操、刘备、诸葛亮、孙权的四色性格分析

红色性格（孙悟空、曹操）：孙悟空，典型红色性格的代表者，一个筋斗十万八千里。“说曹操，曹操就到”这句俗语，说明了曹操那种雷厉风行的行动力。这种性格的人比其他性格类型的人更加崇尚行动。他们似乎拥有某种神秘的力量，总是能够做到言必行、行必果。他们通常是组织中的铁腕人物，目光所向，无坚不摧。他们在意工作的结果，对过程和人的情感却不大关心。他们喜欢控制一切，并强硬地按照自己的意愿发出指令。他们显得

是那样霸道、粗鲁、冷酷无情。

绿色性格（猪八戒、刘备）：猪八戒属于性格活跃、热情奔放型的。活泼型的刘备也是一个天才的演员，他内心真挚，感情外露，有人缘，能够鼓励和带领他人一起工作，一辈子轰轰烈烈，极富戏剧性色彩。他们都喜欢营造一种热热闹闹、洋溢着浓郁人情味的现场氛围，他们常常是聚会的中心人物。他们喜欢赞美别人和接受赞美，喜欢送礼和接受礼物，他们很容易和别人交上朋友。善于在工作中寻找乐趣是活泼型的典型性格特征之一。与活泼型的同事相处，你会感到轻松、愉快，有一种被关怀的温暖。

蓝色性格（诸葛亮、唐僧）：诸葛亮的兴趣在于思考人生的价值。他用尽了一生，把自己的职业生涯打造得如此完美无缺。

如果不是刘备三顾茅庐，诸葛亮很可能会成为一个伟大的诗人、文学家或思想家。尽管如此，他的一篇《出师表》仍然让许多文学家为之惭愧。

和诸葛亮一样，唐僧也是一个典型的和蔼型人。他们往往着眼于长远的目标，他们比其他性格类型的人想得更多，所以总是能够从一个更高的层面来看待问题。他们有着异乎常人的天赋，因而表现出音乐、哲学、艺术等多方面的才华。他们识英雄、重英雄，为感情落泪。他们崇尚美德，并且孜孜不倦于探索人生的意义。他们乐于为自己选择的事业做好规划，并确保每个细节都能做到完美无瑕。

黄色性格（孙权、沙和尚）：小霸王孙策临终前对他的弟弟说："举江东之众，决机于两阵之间，与天下争衡，卿不如我。举贤任能，各尽其心，以保江东，我不如卿。"孙权继位之后，果然不负兄长所望，表现出了良好的行政管理能力，把江东治理得井井有条。在那个军阀割据、战火纷飞的时代，孙权最令人欣赏的优点，就是能够在风暴中保持冷静。正是在他的支持下，孙刘联军发动了历史上著名的赤壁大战，一举挫败了曹操的八十万大军。和孙权一样，和蔼型的沙和尚也是那样友善而又平静的人，以至于能够接纳所有的麻烦。一方面，他们习惯于遵守既定的游戏规则，习惯于避免冲突和保持中立；另一方面，也能够充满耐心地应对那些复杂多变的局面。在组织内部，他们是所有人的好朋友，善于倾听和关心他人的天赋为他们赢来良好的人际关系。当风暴来临的时候，他们往往是情绪内敛的乐天派，能够很好地帮助组织稳住阵脚。

思考题

公司在早晨9：00开会，在8：30有一个茶点时间，你在8：25左右到达后，发现艾丽小姐早已到达并且已经把工作材料整齐地摆在桌子上了。她站起身与你握手，并且微微一笑。你向她询问几个与工作有关的问题，她简明扼要且礼貌地回答了问题，与你保持着距离。

其他参会者也在后几分钟到达，并各自散开。到了8：45，刘强犹豫不决地跨着步子进入会场，轻轻地问道："请问，这是为××××开的研讨会吗？"当问题被确认后，他舒了一口气，走过去为自己倒了一杯茶水，并提到他已经期盼此次会议很长时间了。

突然王明迈着大步走了进来："嗨，这儿在干吗？是开××××会的地方吗？或是大家在这里开茶话会？"在你回答他前，他已经为自己倒了一些茶水，并且承认如果没有咖啡的话他无法进入最佳状态，然后直接插入刘强的谈话中，谈论关于角色扮演的问题。他提到他喜欢角色，然后滔滔不绝地讲起他去年在研讨会上做的一件傻事，在他正在扮演他的老板的时候，他的老板走进了会议室。

在其他的参与者找到他们的座位后，另一个参与者林娜出现了。她轻快地走入房间，找了一个前排的座位，并且与四周的人交谈："我已经安排好11：00要去另一个地方，我们那时能结束吗？如果不能，是否很快还会有另一个我能参加的会议？这样我就不至于遗漏任何内容。"

通过语言、声音和视觉信号，你觉得艾丽、刘强、王明和林娜各是哪种类型的人？该如何和他们相处？

第二节 四色性格的相处之道

通过第一节对四色性格的剖析以及案例分析，我们对不同性格的人有了一定的认识和了解，那么，如何与这四种类型的人相处呢？如果碰到红色性格的老板、蓝色性格的客户、绿色性格的同事、黄色性格的下属，该如何针对他们不同的性格类型调整自己的沟通风格和相处之道呢？人与人之间会经常产生一定的性格差异，而又因为差异产生摩擦，我们称之为“个性冲突”，我们可以听到，生活中离婚的夫妻最常用的理由就是“性格不和”。其实，个性冲突是指两个人“对不上眼”，他们的气场似乎没有相同的波长。

在日常生活中，我们碰到不合眼的人，往往是“话不投机半句多”的感觉，无论怎样交往，总是感觉隔着一层；而另一种情况则刚好相反，对有感觉的人，第一次见到就是“相见恨晚”的感觉，好像已经是相识10多年的老朋友了。

在职场里，在与他人关系的处理上，不论是私人关系、同事关系或是客户关系，都要避免产生个性冲突，尽量使相互间产生精神共鸣。在处理人际关系上，有一条“白金法则”。“白金法则”简而言之，就是“以别人期待的方式对待别人”。

以人们期望的方式对待别人，把握对方的心理，跟对他的节奏，他的紧张感就会下降，对你的信任感、合作的意愿就会上升。

想要实践“白金法则”，在处理人际关系时就必须能随机应变，在与不同人交往时能不断调整自己，因人而异改变你的表达方式，根据他们的性格来选择沟通方式。所以，“白金法则”的首要原则，就是你要确定对方是属于哪类性格模式的人，对方有什么优点或者缺点，然后按牌理出招！在职场里，如果他是红色型人你就给他结果；如果他是蓝色型人你就给他过程也给他结果，而且越具体越好；如果他是绿色型人你就表现你的真诚；如果他是黄色型人你就要多奉承和维护他。生活中，如果他喜欢足球你就谈足球，他喜欢喝酒你就能在酒桌上豪气满天，他要喜欢美容你就给他谈化妆品，他要是喜欢军事你就给他谈战争！这就是用别人期待的方式对待别人。

红色型人的相处之道

假如通过以上的判断确定你是红色性格（支配型）的人，那么，在同其他类型性格的人相处与沟通时，你在行为方向上要注意以下细节：

增加灵活性，做积极的倾听者；减慢工作节奏，树立轻松形象，培养更多的耐心；更谦虚，更人性化，更多关注别人；多夸奖和赞赏别人，认同别人，真正关心别人需求。

学会容忍别人，学会认识自己的缺点，适时调整自己的行为，改变生硬态度，将是更出色的领导者；保留自己的意见和建议，以免因乱提意见付出代价；避免争论，减少争论带来的麻烦；过犹不及——优点还是缺点取决于程度。

只有这样，作为红色型人才能与人和谐相处。职场里，这类人非常多，一般老板和经理人或者是管理者都或多或少地具有红色（支配型）的潜质，有的表现得非常突出，有的表现得稍微含蓄（另外一种黄色性格影响着他），他们通常以结果为导向，不太考虑别人的感受，因此总是显得欲速则不达。

职场里，既然已经知道他是典型的红色（支配型）性格，那么同这类人的相处或沟通该注意哪些要点呢？

不时汇报你的工作成果，报告你的最新进展，量化你工作的情况。一定要行动迅速，谨记“效率”。

提供多种可供选择的方法，且估算好每种方法成功的概率。

在沟通和相处的过程中，切记：认可他们的观点和成见，而不是认可他们的个性，赏识但不评价。

沟通时目的明确、精确，注意力集中，专注于单个话题，高效，守时，具有条理性，以清晰、简洁、概括的语言，开门见山地提出观点和想法，切中要害，不要给太多细节，讨论时直奔主题，注意倾听重要观点。

不同性格类型的人与支配型人相处，应该有不同的对应方式：

支配型与支配型：自信、坦率地直奔主题，简洁、明了的陈述方式，沟通过程中眼光交流。

表现型与支配型：事先有所准备，注意力集中，注重策略，多一些严肃，少一些戏谑。

和蔼型与支配型：从人际关系转移至工作本身，行动积极一些，交流时更直接坦率一些。

分析型与支配型：加快节奏，快速透过细节抓实质，行动积极一些，加快决策速度。

绿色型人的相处之道

假如通过判断和分析确定你是绿色性格（表现型）的人，那么，在同其他性格的人相处与沟通时，你在行为方向上要注意以下细节：

强化时间观念，控制自己的情绪，学会客观地看问题。注意描述事物不要夸张得离谱，不要过分乐观。学会关注细节，关注别人，学会理解别人的感受。

绿色性格（表现型）的人，是非常情绪化的人。在一个组织里，这类人的出现会让组织充满阳光，但是因为太情绪化，所以显得没有底线和原则。

其他类型的人同这类人的相处或沟通该注意哪些要点呢？

支配型与表现型：轻松愉快，放松自己适当地分享自己的感受；做好准备，在必要时偏离议事日程。

表现型与表现型：相处愉快，谈话往往偏离主题目。

和蔼型与表现型：敢于提出自己观点，自信、迅速致辞，扮演引导者的角色。

分析型与表现型：需要行动迅速，不绕弯子，自信直接陈述你的看法，激起他们的兴趣，切记友善、人性化一些。

黄色型人的相处之道

假如通过判断和分析确定你是黄色性格（和蔼型）的人，那么，在同其他性格的人相处与沟通时，你在行为方向上要注意以下细节：

学会拒绝别人，表明立场，需要关注任务而不是他人的感受，需要在倾听的时候，懂得回应他人，热心真诚待人。学会尝试改变，尝试独立决策，表达真情实感。

其他类型的人同黄色型（和蔼型）人的相处或沟通该注意哪些要点呢？

支配型与和蔼型：少讨论，多倾听。多花时间建立友善的关系，而后再询问信息。以轻松友好的方式致意，分享你的感受和观点，向他们提一些开放式的问题。

表现型与和蔼型：放缓脚步，用一些必要的数据支持你的言论，适当情况下作出保证。

和蔼型与和蔼型：视为同伴和要好的朋友，需要用问题引出没有完全表达的想法。

分析型与和蔼型：委婉，有条理和节奏，开放一些，面带微笑，用感性的语言来打动对方。

蓝色型人的相处之道

假如通过判断和分析确定你是蓝色性格（分析型）的人，那么，在同其他性格的人相处与沟通时，你在行为方向上要注意以下细节：

需要更灵活一些，并且能够准备着接受变化与无序的状态，偶尔妥协；需要放松一些，振奋一些，需要大度一些；需要降低衡量的标准。

其他类型的人同蓝色型（分析型）人的相处或沟通该注意哪些要点呢？

支配型与分析型：放慢节奏，树立更为轻松的形象，尽你所能耐心倾听，体谅别人。用行动来证明你的承诺，通过注重细节、准确性和逻辑性来适应他们。

表现型与分析型：做好准备并且在讲话时注重条理性，放慢你的节奏，准备好讨论数字的技术细节，用事实证实你的言论。

和蔼型与分析型：运用更多的逻辑并且更加果断一些，用文件、图表、证书等事实说话。

提高自己的适应性

上面谈了那么多和各种性格类型的相处沟通之道，但是，有多少人会随着对方性格的确定，而变化自己的相处方式呢？

在职场里，如果有一天，你的上司走到你的办公桌前，拿着你那份用了很多天才完成的报告说：“看起来，这份报告在项目成本的数据上面出现了重大的错误！”你反复检查了那些数据——没有出错！你肯定。但是你应该如何做呢？你要一跃而起，气愤地质疑老板的评价吗？你会怒气冲冲地冲出办公室吗？还是你镇定地听他讲，并且试图了解他的观点，接受他给予你的反馈？那么你将如何保持你自身的特点，又能适应他人呢？我们知道，变色龙通常能随着环境去改变它的颜色，这是一种自然生成的自我保护机制，混合在周围环境中以达到保护自身的目的。

人的适应性和多样性是非常重要的，广泛研究表明，大多数的人并不像他们想象的那样适应性很强；大多数认为自己思想开放或灵活的人，其实也并非如此；大多数人都是武断，僵化且固守己见的。但是他们能够通过学习开发他们的适应性。因为适应性是一种态度，适应并不意味着完全模仿他人，也不意味着摒弃自己的特性，只意味着你调整自己的开放程度和接受程度，调整你的步调和做事的顺序。

适应性包括意愿和能力两个方面，意愿或称灵活性，意味着你做好了可能调整的准备。你对在特定情境下调整你的行为抱着积极的态度，这是成熟的标志。能力是指适应性，其实是一种技巧，是适应别人的一系列技巧，它需要花时间去获得，只有通过对自己的打磨，自己的性格才会变得更加具有适应性及多样化。

所以，在职场和日常生活中，要平衡你的适应性和多样性，管理你的相容性。学习这些技巧，你能更好地处理人际关系，让每个跟你相处的人得到想要的东西，并且让每人都感到舒服。学习这些技巧，你也将真正实践了“白金法则”！

职场里风云变幻，在工作中既要适应不同的上司，又要适应下属和同事，实践起来很不容易，但是，提高适应性往往会给你带来意想不到的效果！

我有一位在中山的邵姓挚友，他在一家国有集团做集团秘书兼人力资源总监，深谙官场相处之道。几年下来，他们企业换了好几任董事长，可是换来换去，都没有换掉他。我们都知道中国的官场之道，古话说得好，“一朝君子一朝臣”，换了几任的董事长也换了很多的中高层领导，他的职位反而是越来越高了，而且真正成了每位新董事长的得力助手。为什么？原因很简单，他一不拉帮二不结派，努力做事低调做人，只追求学习进步，工作完美且任劳任怨，并根据不同领导的风格调整自己与领导的沟通相处模式。每个领导的风格各有千秋，如何确认他们的性格模式？要通过在工作中细心的观察，并且适时适度地调整自己的相处或沟通策略，这样自然就能收放自如！以下就四色性格来谈下如何提高自己的适应性。

支配型：通过改变步调，树立一个更加轻松的形象，变得更为开放，有耐心，真诚地赞扬别人，更加谨慎一些，以团队的视角来看待每个成员。

表现型：控制时间和情绪，要更加乐观，信守诺言，做好项目的跟进工作，注重手头的工作，尝试逻辑性更强的策略，制订更周密的计划。

和蔼型：偶尔说不承担一些风险，适当地给别人分配一些任务，选择合适的人说出完成任务的感受，不要过度考虑别人的感受。

分析型：表现出对对方的关心和欣赏，发起一些新项目，偶尔尝试捷径或是考虑如何节省时间，寻求合作上的共同点，及时作出决定。

总之，在职场里同任何一个人的沟通和相处，都要学会换位思考。多站在对方的角度去判断自己的言谈举止对方是否会接受，要从多角度去分析对方的喜好，尝试着用“白金法则”的沟通相处方式，一定会赢得很好的人脉关系，也就是俗话说的“人缘”。要学会管理自己的情绪，针对不同性格的人调整自己的处世方法，运用你学习和掌握的四色性格工具，即使再难沟通和相处的人，也能无坚不摧。

四色性格组合

在职场上有一种人，工作非常努力，但还是未能得到企业和老板的青睐。我在上面的章节中也谈到，职场里的练兵只是入门，但是要成就自己梦想，一定要有很多很多支持你，帮助你的人。这就是为什么我经常说“开始是选择一个企业，到后来你就是选择一个老板或者说合作伙伴”这句话的意义了。在职场里，到了一定的程度，到了一定的职位，通常会遇到一个瓶颈，高不成，低不就。

这时就要重点考虑你的性格模式是否影响了你的事业，在企业是否取得成就和性格有关，婚姻中是否和自己爱人和睦相处也和性格有关。接下来谈谈在亲密的关系中，包括与你的直接上司或者爱人，哪两种类型的人在一起最合适？

支配型与支配型：

这两种性格在一起，都是领导者，没有追随者，两个同是典型支配型的人都非常强势，没有一个人会对对方服气，这就是常言说的“一山难容二虎”。

支配型与表现型：

争吵和对抗会持续不断。因为支配型的人是以结果为导向的，而表现型的人喜欢自由，不喜欢被人束缚手脚，况且表现型的人的底线往往低到显得没有底线。

支配型与和蔼型：

关系最和谐的组合之一。支配型以力量为主体，而和蔼型通常包容度最大，善解人意，而且适应性非常强。

支配型与分析型：

支配型与分析型不可能长期存在。因为支配型不注重过程，而分析型是完美主义者，两者长期相处就会分道扬镳。

表现型与表现型：

对抗会持续不断。这两种类型的人在一起，那真的是天下大乱了，情绪化的两个人都自以为是。结果可想而知，一句话，千万不要把两个“叫驴”拴在一个槽里。

表现型与和蔼型：

这两种类型的组合不错。表现型非常喜欢得到赞美和张扬，而和蔼型恰恰能满足表现型的虚荣心，愿意倾听。他们共同的特质，都有惧怕复杂事物介入的心态。

表现型与分析型：

灾难！名副其实的灾难！一个百分之百的感性，一个百分之百的理性。表现型看不惯分析型的理性和原则，分析型更无法接受表现型的没有章法和感性，两种类型放在一起，你会发现他们最终都会郁闷而死！

和蔼型与和蔼型：

他们会维持很长时间。这两种类型在一起，会相互迁就，相互包容，但却缺乏创造性。

和蔼型与分析型：

这两种性格也能友好相处。因为和蔼型的特征是在任何时候都不会显得很强势，而分析型也会对和蔼型的人保持尊重和理解。

分析型与分析型：

同是两种非常理性的性格类型在一起，能长时间维持关系，因为彼此的理性，对事物的判断和标准都一样。

通过以上性格类型的组合，我们可以看出一个最大的问题：除了和蔼型以外，任何一种类型都有与自己相克的性格类型。换句话说，也只有和蔼型的人能与任何一种类型的人和平相处。可是，生命旅途中和蔼型的人非常少，要具备这种性格更需要一种修炼。和蔼型虽然没有支配型的强势与力量、没有分析型的理性与系统、没有表现型的活泼和张扬，但是这种性格的确能很好地协调现代职场复杂的人际关系。在色彩里，黄色是领袖色！我们都知道，有一个伟大的典型黄色型（和蔼型）的人物，他就是周恩来总理，因为性格魅力，他被国际社会誉为“中国外交第一人”。

四色性格的细分

绝大部分人都是四种性格的混合体，但又表现出其中某一性格的显著特征。蓝色就有很多种，如天蓝、深蓝、浅蓝、铁蓝等，我们把林林总总的蓝都称为蓝色。本章最后，我们从四色性格中细分出 16 种次性格类型，次性格是主性格的附属色，也就是任何一种颜色和其他三类颜色的组合。了解这些，将对你未来的职业发展和规划有一定的帮助。

(1) 指挥官：支配型+支配型。

(2) 冒险家：表现型+支配型。

(3) 生产者：和蔼型+支配型。

(4) 先驱者：和蔼型+支配型。

(5) 娱乐家：表现型+表现型。

(6) 热心家：支配型+表现型。

(7) 助　手：和蔼型+表现型。

(8) 印象派：分析型+表现型。

(9) 服务者：和蔼型+和蔼型。

(10) 积极进取者：支配型+和蔼型。

(11) 协调者：表现型+和蔼型。

(12) 专　家：分析型+和蔼型。

(13) 分析家：分析型+分析型。

(14) 策划人：支配型+分析型。

(15) 评估者：表现型+分析型。

(16) 管理者：和蔼型+分析型。

按照主性格和次性格的结合，制定自己性格的发展方向。性格没有绝对的好和坏之分，但是一定要明白自己主色和次色结合后，如何完善和提高自己。

比如，指挥官（支配型+支配型）天性：喜欢作决定，希望做征服者；讨厌不行动，听信预言以及缺乏变化；认为自己处理问题的方式是唯一正确的；愿意接受新的挑战；喜欢以自己的方式解决问题；掌控局势；不管别人是否愿意，坚持自己的决定。

如何完善：工作方面要摒弃大棒政策，以团队合作方式取代，多夸奖他人，尊重他人所作出的贡献。人际方面则要控制自己的控制欲。

如何提高：经常真诚直接地表扬他人，控制控制欲，倾听他人意见并表现出兴趣。

比如，冒险家（表现型＋支配型）天性：顽强，不屈不挠；维护自己；追求快速完成任务；做事情时相信自己的能力；通常只关注自己的成功和优势，而对自己的错误和缺点不予重视；为了更快、更有效率地达到目标而寻找捷径；在压力下会变得强硬和独裁，不再以团队为导向。

如何完善：工作方面关注他人的想法，会获益更多；人际方面能放松些更好，改善自己的生活质量。

如何提高：花时间了解他人的期望，关心别人的问题及成就，把手头工作分类，着手工作，明确必须达到的目的。

这里不再一一列举其他主次性格的结合状态。性格学是一门非常高深的学问，分享四色性格的目的，主要是学会面对不同性格类型的人，如何运用不同的相处方式。也只有判断清楚对方的性格模式，才能做到知己知彼！在未来职场的拼杀旅程中，有效运用“白金法则”，让你在职场立于不败之地！

第五步　做最好的管理者

“如果把我们最优秀的20名员工拿走，我可以说微软将变成一个无足轻重的公司。”

——比尔·盖茨

我们以这句话作为本章的开篇，经过了多年职场的积累和拼搏，你已经成为管理者，管理者自有管理者的角色。有人说：世界上赚钱的人有三种，第一种人用脖子以上赚钱，第二种人用脖子以下赚钱，只有第三种人获得成就的机会最大，因为他们在用别人的脖子帮他们赚钱。要学会管理自己还要管理别人的脖子，你不劳心劳肺，那才叫见鬼了。除了老板是第三种人外，我觉得中层管理干部也应该学会用下属的脖子来帮你创造价值和财富，可是很多中层管理干部和职业经理人对管理的认识从理论到实践水平都有待提高。现在企业为了量化工作，实行了林林总总的考核方式，都是为了绩效的最大化。我在一家港资企业任区域管理部经理的时候，公司实行360度考核方式，但重点放在下属考核上司上，一场考核下来，合格的上司没有几个。搞得公司一段时间鸡飞狗跳！原因不言而喻，下属对上司的不满意非常的多！为什么不满意？相信每个经理的个人能力都没问题，可是企业现在强调的是学习型组织，是团队作战，因此作为管理者无论是价值观还是管理的方法与策略都要随着自我角色的转变而转变了。从一般员工到管理者，意味着如下几方面的转变：

工作的转变：由简单任务转变为多层面多角度的工作；

角色的转变：由接受管理的人转变为管理别人的人；

工作准备的转变：由上岗培训转变为终身教育；

绩效评估与薪酬体系的转变：由注重行为转变为注重结果；

经理角色的转变：由监督者转变为指导者；

组织结构的转变：由等级式转变为扁平式；

团队的转变：由个人英雄主义转变为集团军作战

价值观的转变：由个人文化价值观转变为企业核心价值观

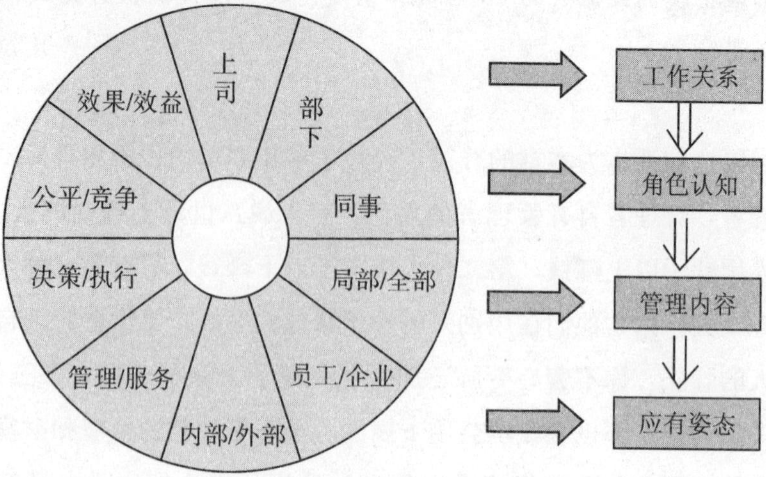

中层管理者面对的十大工作关系图

从老板的角度看中层管理者

通过上图我们可以看到，中层管理者面临的关系从单纯的个人关系转化成组织中错综复杂且举足轻重的多方位关系，因此在意识上变得如履薄冰。所以中层管理者在任何一家企业归根结底都是“夹心饼”的角色，做好了是你分内的事情，做不好，你就得整天看脸色，战战兢兢的。每天都夹着尾巴做事，勤勤恳恳做人，为什么中层管理者会沦为这种夹心饼的状态呢？我们从几个方面分析一下中层管理者的苦衷吧！

我们先从企业老板的角度看中层管理者吧，虽然不是绝对准确但一定有代表性：

1. 自己永远是对的

没有多少老板会承认自己决策的失误或者判断的失误，通常老板即使错了也不会在中层管理者面前面承认自己的过失，却每天都强调经理们应勇于承担责任。

2. 对下属创造的价值永不满足

任何一家企业都是以利益和回报为主体的，任何一个老板都关心企业的销售额，人的欲望是无法满足的，企业老板也是人，所以对下属创造的价值永远没有满足感，对所谓的不是赢利的部门更是表面器重、尊重，心里就是不看重。

3. 下属的心离自己很远

绝大多数企业老板和员工之间都存在着信任危机，老板总是从负面的角度看待中层管理者，因为很多企业的老板太把自己当老板了，并没有把企业里的中层管理者当成真正意义上的合作伙伴，因此中层管理者也就得过且过，打工嘛！不打东家打西家，此处不留爷，自有留爷处！

4. 老板有诸多的担心

有人说，老板是板着脸板出来的。板脸的原因来自企业内部和外部，内部包括员工的忠诚度、员工的能力、企业的效益等等；外部包括客户因素、市场因素、资金因素，等等。

从下属的角度看中层管理者

中层管理者之所以成为夹心饼，也有一部分原因来自于下属，我们谈谈下属的心理又是怎样的……

1. 自己永远也是对的

下属自己永远认为自己是对的，这是人性，毋庸置疑。

2. 同是天涯沦落人

下属的心里总是想，你也是打工的，有什么了不起，凭什么你对我指手画脚的。

3. 你不如我，卧薪尝胆

还有一种心理是认为中层管理者根本就不如自己，能力、决策等不过如此。

4. 辛苦是自己的，成绩是上司的

做了那么多的工作得不到你的认可，有成绩总是你的，工作出了差错总是我们背。

5. 上司总是不诚信

答应我们的事情从来没有给我们兑现，缺乏诚信，总是忽悠我们干活。

6. 下属的担心

担心的事情多着呢，担心被穿小鞋，担心哪一天出了问题就被炒，等等。

从中层管理者的角度看老板

其实作为中层管理者也有自己的苦衷，心里不免也有很多想法，具体表现在对老板通常有以下几点看法：

1. 老板总是不理解自己

中层管理者希望老板能理解自己，认为老板对自己的支持和授权不够充分。但是老板就是老板，员工就是员工，这一点是永远无法改变的。

2. 老板总是不诚信

老板的诚信只是相对而言，老板的承诺越多兑现的就越少。就拿激励机制来说，开年的时候老板总是给员工画个很大的饼，是看得见难摸着的，即使完成了，也要缩水打折扣，造成中层管理者对下属的承诺成了一张空口文书，搞得下属怨声载道。

3. 老板只关心业绩

企业的发展是为了获取价值，很多老板只关心利润，关心业绩。一些辅助部门对老板而言是叶公好龙。

4. 中层管理者的担心

担心朝不保夕，没来由地就把自己给废了。担心做不好工作整天面对一张阴天的脸，担心出了力落不着好，担心没有平台和发展空间，等等。

从中层管理者的角度看下属

1. 自己永远是对的

放眼看下属自己从来没有错过，即使错也是老板和公司的错，对自己有绝对的自信。

2. 下属总是达不到自己的要求

业绩没有达成的原因主要是下属无能，说了很多，抓了管理还是离自己的要求很远。

3. 武大郎开店

总是有一种担心，生怕比自己强的下属占了自己本来就摇摇欲坠的位置。在选拔和招聘人才过程中，把有业务能力和管理优势的人才挡在外面。武大郎开店，比自己高的一个也别想进来。

4. 没有我哪有你

潜意识中，感觉自己就是下属的再生父母，有一首歌中唱到，没有天哪有地，没有地哪有家，没有家哪有你，没有你哪有我。只是中层管理者把这歌词搞反了，因此总像老子教育儿子一样高高在上……

通过对中层管理者夹心饼的分析，我们不难看出每个角色的想法都是站在自我的角度考虑问题的，因此公说公有理，婆说婆有理！搞得企业自上而下都有问题，这些所有问题的总和，就是企业存在的问题，也是制约企业发展和成长问题的瓶颈！

其实企业面临的问题简单来说就是人的问题，通常表现为管理理念创新不够、企业文化渗透不强、执行力度不足、员工流失及内耗严重、部门沟通不畅、责任不清、本位主义严重等等一系列的问题，那么作为中层管理者，原本就是企业联系员工的桥梁，如何在管理的过程中获得老板的信任和下属的认可？这就必须了解管理的真正内涵，并通过有效的管理方法和工具提高管理水平。

第一节 管理是工具，协调放第一

有一句话说得很好："不要和你的上司玩火，你烧掉的是他的自尊，他烧掉的是你的锦绣前程……"这句话一直如一盏明灯照亮我在职场里奋进的道路，同时也是督促我成为企业核心中高层的至理名言。在一个企业里，无论你坐到了多高的职位，要想自己的管理业绩和自我价值观得以实现，你首先要搞定一个人，那就是这个企业的最高行政长官（董事长或总经理）。只有搞定了他，你的工作才能得以顺利开展；也只有得到他的支持，你的前路才不会有那么多的坎坷；更只有得到他的信任，你表演的舞台和发展的空间才会越来越大。可是"伴君如伴虎"，搞定他又谈何容易！

不是没有办法，就怕你不想办法！我曾面试的一家企业，企业规模不是很大，总经理（老板）对我很满意，到最后问到我的薪资要求的时候，我说了个数，把他的脸都气白了，瞪着我问："你凭什么?!"我说："我凭我能帮你做好三件事：我可以想你没有想到的；我可以做你没有做到的；我可以看你没有看到的。”他沉吟了一分钟，扔给我一句话：“那就试试吧，三个月！不行你自己走人，我不用找你谈话……”我说：“不用三个月，就一个月，不行我走人！……”结果是我做了几年后，我提出离职走的那一年他还在说：“你再帮我最后一年吧……”这家企业从我去的时候100多人，发展到我走的时候300多人，从去的时候每年8000万元销售额，到我走的时候每年5亿多元销售额，相信小学一年级的学生都会算这笔账。

中层管理者要做好的三件事

不是企业怕在管理人员那里花钱，是作为中层管理者要考虑企业究竟为什么请我们来？如何找一个让老板给我们高薪的合理理由？我就自己经营的企业说句真心话，我最讨厌员工来找我加工资，找我加工资的我从来没有加过，倒是没有找我加工资的却一路飙升。千万别把企业老板当傻瓜，你在做什么，做了多少，他就是远在千里之外也清清楚楚，明明白白！如果一个优秀的员工和干部，到了有一天找到老板要求加工资的地步，那么，这肯定是一个失败到极点的老板。言归正传，我觉得老板请那么多的中层管理者无非想让他们做好如下三件事情：

1. 解决问题

没有问题的企业不叫企业，那叫神坛！企业因为有问题出现，才请人才来解决问题，所以中层管理者的第一任务就是解决问题，不能解决问题你来别人企业干什么？

2. 创造价值和回报

没有能力创造价值和带来回报的中层管理者不是合格的中层管理者，企业要的是效益和回报，不是在做慈善事业，创造的价值越多你的增值空间越大。当然有些后勤部门不可能直接带来效益，但是间接的作用也是显而易见的，如人力资源成本的下降、开源节流，等等。

3. 带领好团队，培训好下属

管理的能力就体现在是否能带出优良的团队，如何利用有限的资源进行创新，且能引导下属、培训下属，组建高效的人力资源梯队等方面，作为一个优秀管理人员，上述各个方面都是有必要要考虑的问题。

只要能做好这三点，再充分掌握上一章节所述及的四色性格的相处之道，相信你在老板的心目中已经成了举足轻重的优秀干部，这将奠定你在企业的实质管理者地位。

管理的实质

何为管理？每个人对管理都有自己的理解和认识，都会从企业存在的问题或运行的环节中寻求管理的定义。有人说是整合资源；有人说是对人、财、物的监控；还有人说管理就是协调，等等。这都有一定的道理。我认为管理的实质归根结底有很多项：

（1）整合运用资源，达成组织目标。

（2）做对的事，把事做对。

(3) P—D—C—A（计划、执行、考核、改善）。

(4) 善用能力，创造绩效。

(5) 定制度，作规范。

(6) 给员工努力工作的理由。

(7) 懂得如何要求下属（制定基准）。

(8) 制定订目标，讲究方法。

(9) 沟通、沟通，再沟通。

(10) 把人摆对位子，发挥功能。

(11) 系统思考处理复杂挑战。

(12) 透过他人完成工作。

(13) 不断精进（维持、改善、创新）。

总结成一句话：就是集中全体员工努力来实现组织的目标！管理工作的中心就是管理人的工作，即通过人的活动达到目标。管理工作就是协调他人的活动。管理必须考虑：人，工作，人与工作的相互适应。

管理者之所以成为管理者，不仅仅要有管理能力，更应该对人有一定的掌控能力。管理者和非管理者有本质的区别：

(1) 非管理者是有什么，做什么，而管理者是要定目标，作计划。

(2) 非管理者能力范围只能亲力亲为；而管理者是借力使力，学会用别人的智慧和力量。

(3) 非管理者总是被动沟通，被动地接受指令；而管理者主动沟通，主动地传达指令。

(4) 非管理者面对问题，兵来将挡、水来土掩；而管理者要预见问题，事前准备。

(5) 非管理者只会单打独斗；而管理者建立团队。

(6) 非管理者只是应付眼前；而管理者思考未来。

(7) 非管理者等待资源；而管理者善用与整合资源。

（8）非管理者本位思考；而管理者需要换位思考。

管理者和非管理者其实最大的本质区别就是管理者要“带团队”。而现在的管理者是否真正做到了和非管理者的不同？通过对 100 个中层管理者现状的调查报告得到以下结果：

（1）只喜欢抓业务工作。
（2）责任心强，习惯依靠个人努力去完成任务。
（3）事无巨细，不善于授权。
（4）虽有工作目标，但缺乏目标控制。
（5）不善于、不习惯做计划。
（6）救火现象普遍。
（7）未经过系统的管理技能培训。
（8）不善于建立有效的工作网络、工作团队。
（9）认为对人的管理是人事部门的事。
（10）不善于招聘、选拔、培训、发展激励等人力资源管理工作。

为什么会有这样的现象？到底是什么地方出了问题？为什么中层管理者混淆了和非管理者的角色差别？我带着问题，在给一家大型的集团公司授课之前，先让受训的中层管理者填了一份管理过程中存在问题的调查问卷。收上来一看，里面的问题虽然很多、很具体，但显而易见的还是管理者自身存在太多的问题，或者准确地说应该是自我管理能力不足，管理方法缺失等。他们提出的问题是：

（1）如何提高自身的专业管理水平？
（2）如何提升自己的业务能力？
（3）如何更有效地锻炼和激励部门员工？
（4）希望提升与人沟通的技巧。（对于不同部门的人，即使向他们描述同一个问题，也需要有不同的描述方式，否则，理解有偏差。）

(5) 技术骨干培养同留住人才的矛盾。（人才是公司最大的财富，我们一方面想培养更多更好的员工，另一方面担心培养好后就另谋高就。）

(6) 如何清楚自己的角色定位问题？（目前的情况看，像是一个战斗经验多的战士，而非指挥员。）

(7) 各部门员工的管理问题。（与各中心之间的协调问题。）

(8) 公司的总体理念与个人理念的结合问题。

(9) 如何更好地调动员工工作的积极性、认真负责的主动性？

(10) 怎样提高团队的效率？

(11) 如何发挥员工的积极性？

(12) 怎样发挥团队的作用？

(13) 所担任角色有哪些责任？

(14) 所担任角色有哪些权利？

(15) 公司目前的结构造成沟通不通畅，研发和市场等各部门的关系如何？

(16) 部门员工的激励和管理。

(17) 让领导对宣传企划有更大的支持。

(18) 组织架构不够清晰合理。

(19) 公司的信息化管理严重滞后。

(20) 总经理分权、授权做得不好，沟通也不好。

相信以上这些问题是众多中层管理者在实际工作中面临的最尖锐也是最头疼的问题，那么如何解决这些共性的问题？

一个真正的管理者既然明白了与非管理者的区别在于“带不带团队”，那么如何带好团队呢？什么是团队呢？在这个团队里管理者究竟是一个什么样的角色呢？带着这些问题，我们一个个地来解读这些问题。

要想做好一个出色的管理者，首先要做好两个方面的管理工作。一个是管理好自己，一个是管理好下属。

管理自己要放在首位，一个连自己都管理不好的人如何去管理下属？管理自己要从三个方面考虑：

（1）角色认知能力。

某种意义上说，管理者常常对自己的角色定位不准。角色发生变化，工作性质自然也发生变化，一个真正的管理者要在短时间内，准确定位自己的角色，从单兵作战转向引领下属作战。管理者要从宏观上看待问题，要从组织全局看待问题，而不是只看一个点。管理者要充分发挥团队的力量，尽可能地做协调、配合、组织工作，而不是一个人单打独斗。

（2）自我管理能力。

管理者在管理的过程中，下属都看着你，你的行为无形地影响着组织内部，你的要求首先你自己做到。你自己都无法做到的事情，千万别要求下属做到。要管理好自己的嘴巴，管理好自己的行为，管理好自己的心态！让下属听你的，你要用自己的人格魅力来影响下属，而不是天天举起你手中的“鞭子”。

（3）时间管理能力。

一个好的管理者，对时间的调配和管理要有独到的理念。做事情拖拖拉拉，抓不住重点，管理不好自己的时间，该做的事情没做，不该做的做了一大堆，结果就不会遂人愿了。

管理好自己是需要毅力和坚持的！除了对下属灌输管理理念外，还要对专业的知识及领导艺术进行学习。很多中层管理者认为自己不是行政部门的，比如财务部的、生产部的、销售部的很多中层管理者就觉得不需要学习人力资源管理方面的相关知识。而其实，只要你有下属，你就要懂得管理，在实践中掌握管理的艺术。管理下属包括三个方面的重要因素：

（1）目标管理。

目标的达成是发管理者的首要目标，也是在公司赢得信任和升迁的重要依据。从计划的制订到计划的实施到目标的达成，每一个环节都有赖全员的不懈努力和配合。

（2）绩效管理。

绩效管理是对计划实施效果的评估体系。绩效管理很复杂，不是单纯的打打分数就算。它包含着目标分解和评估员工对细节执行的效果等一系列行为。

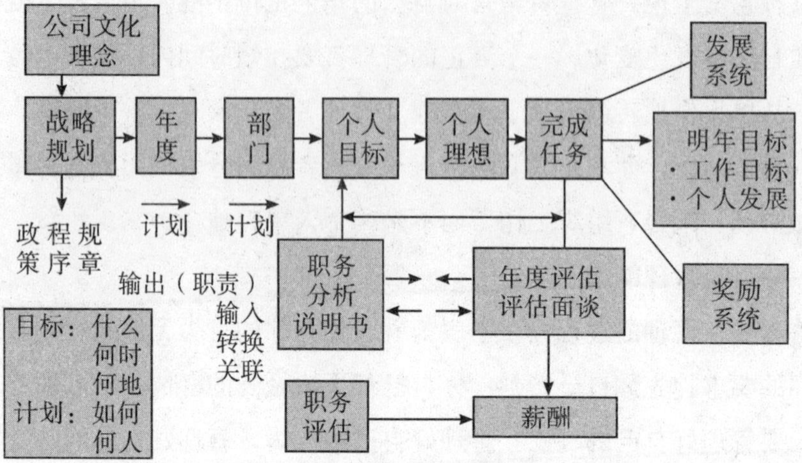

绩效管理流程图

（3）团队管理（人员管理）。

如何建立一个有效的工作团队并通过团队的努力达成企业目标（部门目标），通过对下属的激励及有效沟通发挥团队优势，并且针对下属的不同情况为其作职业规划，是一个团队管理者必须考虑的问题。

我们看一个有针对性的案例，看这个案例展现的问题到底有多少？

刘小姐是一个很出色的员工，工作勤奋，善于思考，业务能力也很强，大家对她评价也很高，于是领导把她提升为部门负责人。提升后，她工作更加勤奋，但部门内其他员工的工作效率、质量并不是很好。于是她把一些安排出去的工作自己做，她感觉下面的人素质很差，全都干不好，非常郁闷……

这个案例与很多刚刚提拔上来的管理者有共同之处，应该引起管理者的深思。能力强未必能做好管理者，要想让下属支持和配合，要想让团队提升工作效率，就要找出自己到底在管理角色上哪里没有做好、没有做到位，同时也要充分了解下属存在的问题和原因。通过上面这个案例，我们发现存在的问题非常多，具体表现在以下几个方面：

（1）职责、职权没有明确。

（2）缺乏对下属的培训。

（3）制度与工作标准不完善。

（4）监督、检查机制不健全。

（5）解决问题能力有限。

（6）激励措施不到位。

（7）沟通缺失。

（8）对自己的角色转换没有充分的准备。

这么多的问题难道都是下属的问题吗？管理者只有把以上的问题一一解决，才能赢得下属的尊重和配合，否则真的会累死管理者。总的来说还是管理者对自己的角色定位不清、定位不准、定位不明造成的，那么管理者的角色究竟是什么？

首先，我们要知道管理者是一个信息沟通角色。及时将上级指令传达给下属，变为下属的行动；迅速将市场信息及下属情况反馈给上级，以供上级决策用；横向部门之间及时交流信息及进展情况，以便更好地协作，并与市场发生联络。

其次，管理者是人际关系的角色。在上级面前是被领导者，完成上级指令；在下属面前是领导者，下达指令并对结果负责；在同级面前是协作者的角色；在用户面前是公司形象的代表，代表公司履行各项职责。

最后，管理者是一个决策者的角色。将上级下达的任务转化为部门目标，并有效解决目标实施中的问题，帮助解决下属目标实施中遇到的问题。

管理者要善于发现将来的问题，并将问题转化为机会，作为制定规划的依据。

管理者在专业能力方面能解决问题，是实现最终结果的保障；在决策能力方面，是企业持续发展的保障；在沟通能力方面，是创造顾客价值的保障。

管理的职能

管理者不仅要了解管理的内在含义，更需要了解管理的职能，通过法约尔五项管理职能来实现组织的目标。

（1）计划——确立目标，制订计划和程序。

（2）组织——建立一个有效的组织去完成企业目标。

（3）指导——通过对下属的激励，在职辅导去达标。

（4）协调——加强团队内结和团队间的协作去达标。

（5）控制——通过设定各项标准，在目标和结果之间进行必要的调整和控制。

组织里的任何一个成员都是为了组织的目标走到一起的，善用管理工具才是管理者的成功之举，说白了，管理者就是一个协调者，管理的最高境界是用合适的人做合适的事情。别动不动就用手中的职权对下属喝五吆六，只把下属当“牲口”使唤，不把下属当人看！一个优秀的领导或管理者会从以下几个方面体现自己的优秀品格和管理能力：

（1）尊重人格：对人有礼，勿当众训斥下属，不乱发脾气，态度友善。

（2）善于激励：洞察员工心理，用激励手段调动内在积极性。

（3）以身作则：品行端正，不谋私利。

（4）决策才能：依据客观事实进行决策，具有高瞻远瞩的能力。

（5）精明果断：敏锐的观察力，一旦决定，不达目的不罢休。

（6）事业成就：强烈的追求成功的欲望。

（7）敢于求新：善于改良工作方法，并吸收新知识。

（8）内部沟通：善于表达，有效劝服。

（9）培育下属：发展培训下属，使之有效完成工作。

（10）组织能力：能发掘下属才能，善于组织资源。

管理者的优秀品格其实也体现了公司文化，一个优秀的管理者总是会用公司的文化达成团队的整体默契。一个部门的文化其实是整个公司文化的一部分。部门文化主要体现在管理人员的管理风格和人格魅力上，据调查：企业员工流失率最大的因素都是部门经理造成的，其次才是公司原因、工资原因、个人原因等。为什么员工的离职和直接上司有那么大的原因？主要问题就是中层管理者太把自己当成管理人员了，重管不重理，在下属心里失去威信，根本不去换位思考，也不了解下属的真实想法和意愿。如果只是简单的离职也没什么，管理者必须要注意管理的过程中存在着风险。这里讲个真实的案例：

1998年的一个冬天，在广东东莞的一家电子厂里，有一个部门的经理因为在管理的过程中和下属发生了一点小摩擦，部门经理不是采取有效沟通进行处理，反而变本加厉地在以后的工作过程中处处给这个下属施加压力，甚至冷眼相向。这个下属属于典型的蓝色性格，而经理是典型的红色性格。胳膊拗不过大腿，于是下属心情郁闷。在外打工的人，受伤后，疗伤的方法就是回避，于是请了几天假要求回家看看。一来想缓和一下和经理的矛盾；二来也想调节一下自己的心情和情绪。经理最后也批了他几天的假。等下属回来的当天，经理告诉他，你可以到人事部办手续了，我们部门领导不要你了。下属听了非常的生气，但是想想以前在这个经理的手下干还是存在很多不足，于是就去了人事部门办手续。人事部门负责办手续的是个刚进公司不久的新员工，也没有和这个员工做离职面谈。工资一算了事，说你去财务部结算吧！到了财务部已经快6点了，财务部门急着下班，说：你明天上午再来吧……

从财务部出来，这个员工非常的懊恼。于是到厂外买了一把刀，等他的经理下班出来准备实施报复。可是不巧，在他买刀的时候，他的经理和公司的高层因为公事坐车外出了。这个员工等了很久也没有等到，心里的怒火燃烧到了极限。于是回到了自己的宿舍，看谁都不顺眼，晚饭也没吃，又溜出厂外找了一个25千克的塑料壶，买了一壶汽油，买了一把锁回到宿舍。在凌晨2：00，把汽油倒在了宿舍的地下，然后在里面用锁将门反锁起来，一把火点燃了地上的汽油，当时宿舍加他本人是八个人，点燃火他很快地跑到宿舍的厕所里，打湿一条毛巾捂在脸上，就听着宿舍里凄惨的喊叫声，那种声音可以想象有多恐怖。等消防队赶到的时候，已经一片灰烬了。七个人，死了三个，另外的四个80％的重创烧伤，毁了整个宿舍年轻的生命，也毁了他自己！事发后他没有跑，等着人抓他，他知道跑不掉，也跑不脱。被抓之后，从预审、逮捕，到起诉，到判决，到高院二次判决，到执行死刑……一共六个月的时间就结束了他年轻的生命。后来他的那个经理因为神经衰弱养病在家，经常心有余悸地发傻、发愣、做噩梦……

职场里下属的素质并不像我们预料的那样好，下属的心理承受能力也不如我们想象的坚强，一不小心就走向极端，到时候后悔莫及的还是管理者本人。

管理者要学会用管理的工具，把协调放在首位，“协”是协助、和谐，“调”是调和。一个懂得妥协和中和的领导才能牢牢地把下属聚集在自己周围。要有一定的影响力，就要懂得尊重下属，善用激励、授权等工具，真正用情商的管理理念让下属从内心折服。

第二节 团队靠激励，执行是目的

一个优秀的企业，取得成绩和得到发展离不开团队的力量，但是团队打造往往是最不容易的。因为每个人都有自己的思想，每个人都有自己不同的经历和阅历，要想领导好下属，建立一个具有实战水平的团队，我们首先要知道“何为团队，团队的形成需要经历哪些过程，一个高绩效团队建设与管理中通常会出现的问题有哪些，如何领导高效能的团队，应该通过什么样的策略激励下属”等等一系列问题。这是一个中层管理者不可或缺的知识。

何为团队

团队是由两个或两个以上的人组成的，通过人们彼此之间的相互影响、相互作用，在行为上有共同规范，为了一个共同目标而奋斗的一种组织形态。首先一点是，一个人永远不能称为团队；再有的就是，团队是有共同的计划和目标的，而且是互动的。每年春运，坐火车的人多如牛毛，但那不是团队，因为他们的目标各不一样——各回各的家。

职场里强调的是团队作战。现在已经不是过去两把大刀就可以闹革命的年代了，个人英雄主义当然值得推崇和赞扬，但是团队的力量远远超过个人的力量。这就是通常我们所说的，1+1>2。所以在团队中，整合资源显得相当重要，中层管理者要通过资源整合来达成企业绩效。

一个优秀团队的形成需要经历如下几个阶段：

（1）第一阶段——组合期：新的团队成立之初，团队的成员之间彼此之间未有深切的了解，彼此的相对地位尚未确立。成员对团体的目标大多不清楚，大家处事没有默契。

(2) 第二阶段——摸索、激荡期：团队经过组建阶段后，隐藏的问题逐渐暴露，团队的内部冲突加剧，虽然说团队的成员接受了团队的存在，但对团队加给他们的约束，予以抵制。而且对于谁可以控制这个团队，还存在争执，互不服气。热情往往让位于挫折和愤怒。抗拒、较劲、嫉妒是常有的现象。

(3) 第三阶段——共识期：团队的成员共同议定目标与守则，他们遵守这些目标与守则，成为群策群力的团队。团队的成员相处自然，开始发挥表现，对团队引以为荣，这时工作成果有显著的表现。

(4) 第四阶段——发挥期：到了这个阶段，成员认同团队，成员互相支持，全情投入，达成整体目标。团队动作灵活，可以自我管理，工作成果超卓。

团队的每个成员都是组织的核心。世界各个国家的企业都把“团队管理”列为管理的核心。日本的企业非常注重员工的团队意识，所以日本人的团结在全世界是最出名的，用他们的话说就是：不怕虎一样的敌人，就怕猪一样的团队。我有一个留学日本的同学，回来讲了他的一次暑期工经历，让我感受很深。他说有一次，他利用暑期时间勤工俭学，去报了名，三番五次的测试都通过了，到最后一关的时候出了大洋相，也接受了最惨痛的教训。事情是这样的，这家企业把大约 40 个候选人装上卡车，拉到了几十公里外的一个农场。在农场里有很多已经砍伐下来的大树，公司要求他们每两人为一组，分发一把生锈的大锯，让他们锯木头。我的同学和一个日本青年分到一组，然后两个人开始工作。锯生锈，树又潮湿，总是夹锯，两个人的配合完全没有章法，于是你大力了，他小力了，锯的速度根本没法快，搞得很辛苦。两个并不相识的人都在用埋怨的眼睛盯着对方，日本青年看对方是个中国人，更是表现得极不耐烦，于是就骂了声“八格牙鲁”。我的同学也不示弱，回了句“狗日的”。然后他们两个你一句我一句对骂起来，但是骂归骂，手上的锯还在飞舞着。可能是因为愤怒过度而导致配合不畅，只听“叭”的一声，锯条一分为二，断了！再看周边的锯木小组，一个个面带微笑，有的还一边用日语哼着《北国之春》的小调，一边你推我拉地忙活着。最后的结果是两个人还要把断锯买下来，然后离开现场，徒步回家。这种面试的方法固然好笑，但是通过这种陌生人配合的方式，可以判断每个人的团队合作意识及合作精神。

如何激励团队

团队只有合作才能达到目标，光靠管理者一个人的力量是远远不够的。很多管理者困惑，自己已经很尽心尽力了，为什么下属还存在这么多的问题？总是不得其法。其实人都是有思想的，在一个组织里，在管理一个高效团队的过程中总是存在着很多问题！要找到下属存在问题的本质，才能根据不同的问题，找到相对应的处理方法。一个高效团队的建设与管理中存在的问题，具体表现不外乎有如下三个方面：

(1) 首先是下属关系问题。柏杨在《丑陋的中国人》一书中写道：一个中国人是一条龙，十个中国人是一头猪。一个日本人是一头猪，十个日本人是一条龙。形象地比喻中国人喜欢“窝里斗”，而日本人注重团队精神的特点。在职场里，人与人之间的关系非常的微妙，人性里也都有自以为是的倾向，相互之间缺乏尊重，在沟通和配合上就会有冲突，从而给团队工作带来不良影响的情况非常正常。作为团队管理者，就应该有能力协调这种关系，化解团队成员之间的矛盾，使大家众志成城，朝着共同的目标奋斗。

(2) 在团队管理过程中存在的第二个问题就是下属的能力差异问题。十个指头伸出来都不一般长，下属为什么是下属，就是能力上还存在一定的差距，有能耐的人你未必能领导得了。下属认识上缺乏一致性，工作中出差错，完不成任务，等等，都是因为下属的能力差异造成的。

(3) 在团队管理过程中存在的第三个问题就是下属的动力问题。具体表现在下属工作没有激情，缺乏责任感，工作的主观能动性差。作为上司应该考虑的是，自己是否给了下属相应的激励？

既然找到了存在的问题，作为管理者，我们应该怎样处理这些问题呢？

首先，如何领导战斗团队？在战场上有一句俗话叫“射人先射马，擒贼先擒王”。团队的领袖非常的重要，假如战场上面对刺刀冲锋的时候，作为领导者，你总是说，同志们你们冲啊！不要有后顾之忧！就算下属冲上去了，也会心里想，你怎么不冲啊？老让我们去送死！电视剧《亮剑》里打赵庄有一个镜头，敌军领袖楚云飞远远在后方督阵，而八路军领袖李云龙却和士兵在同一个战壕里！一个优秀的团队领导者首先要具备带头精神，只有与下属同在一个阵地和战壕里才会激发下属的斗志。除此之外，作为一个团队管理者，要保持乐观的心态才能让下属感觉你亲和、平易近人；要有承担责任的能力才能让下属放下担心和顾虑；要有创新精神才能让下属佩服；要有远大的目标才能让下属感觉跟着你会有前途；要有乐意冒险的精神才能在最后一刻将红旗插到城墙上。

其次，如何给下属一个为你卖命的理由？在回答这个问题之前，我们首先要搞清楚下属究竟想要的是什么。大多数老板对待员工时觉得只有报酬是最重要的，但是，实际上这并不是员工最重要的诉求。在一项规模很大的研究中，调查人员让老板将他们认为员工想要得到东西排序（最重要的排在第一位），然后以同样的方式让员工自己排序，结果两个排序反差很大，如下表：

员工与老板的认识差异

工作的各个方面	雇主的排序	员工的排序
高工资	1	5
工作安全	2	4
晋升机会	3	7
好的工作条件	4	9
工作的趣味性	5	6
管理层的忠诚度	6	8
公平的原则	7	10
欣赏	8	1
帮助解决个人问题	9	3
参与感	10	2

员工关心的为什么和企业老板关注的有那么大的差异？工资对员工的生存起着至关重要的意义，但是中国人将精神的需求看得更重要，在职场里更是如此！我曾经和一个台湾的老总沟通，他说：中国人很实在，中国的劳动力非常的廉价，在世界上任何一个国家都很难找到这么勤劳的员工，只要该拿到的能拿到手，然后附以精神上的鼓励，那他不拼命才怪！其实他说的一点也不错。美国心理学家马斯洛对人性的阐述分五大需求：①生理的需求；②安全的需求；③归属与友爱；④尊重的需求；⑤自我价值的实现。这老先生真的很有眼光，说得很有道理。在职场里每位员工都有两份工资，除了我们看到的有形的工资外，还有一份无形的工资。有形工资体现为薪资、福利、环境、形象、晋升、培训，而无形工资体现在工作经验积累、能力提高、人脉关系积累、视野扩大、发展第二专长等方面。要激励员工的斗志，就要善于引导员工看到第二份工资的宝贵。

只要一提起员工激励，很多人就会想到涨工资或发奖金，实际上员工激励的形式是多种多样的，我们可以根据激励的性质，将激励分为物质激励、环境激励、成就激励、能力激励四种形式。

（1）物质激励包括工资、奖金和各种福利，是最基本的激励手段，它决定着员工基本需要的满足情况。

（2）环境激励包括单位良好的规章制度，和谐、积极的文化氛围，优越的办公环境等。

（3）成就激励包括组织激励、榜样激励、目标激励、绩效激励等，以满足员工心理上的需求。

（4）能力激励包括给员工提供培训的机会、适合自身发展的工作岗位等，以满足员工发展自己能力的需求。

正确的激励是人力资源管理的关键所在，美国哈佛大学的管理学教授詹姆斯说，如果没有激励，一个人的能力发挥不过20%～30%，如果施以激励，一个人的能力则可以发挥到80%～90%。正确的激励可以更好地发挥员工的工作能力，提高员工的工作绩效。

依据马斯洛的需要层次理论，激励首先把需求放在首位，要考虑下属的需求，别人需要什么，就给予什么激励，这样的激励才是真正有效的。打个比喻说，一个濒临饿死的人你就是给他十座金山都没有用，还不如给他一个面包更直接、更有效。因此，激励，必须首先考虑下属各种各样的需求，并有针对性地给予不同的激励。

提起如何激励下属，很多经理特别是中层管理者经常抱怨说："我一没有给下属晋升的权，二没有给下属加薪发赏的钱，你让我怎么激励下属？光要嘴皮子怎么行?"就在一些经理仍然抱着传统激励手段不放的时候，也有一些有作为的经理却在实践中，创造性地总结了不少行之有效的低成本甚至零成本的软性激励方法。作为一个团队的领导人，想管理好自己的团队就要有激励的策略，以下提供几个激励的策略供在工作中尝试使用：

1. 肯定策略

肯定下属是一种智慧。最爱自己的人是谁？答案很简单，一定是自己。在一张集体大合影中你会先去看谁？先去找哪一个？答案也是肯定的，一定是先找自己。下属的内心其实非常希望经常得到上司的肯定。在这里要说明的是，不一定要下属做得令你非常满意才去肯定，只要他有一个良好和积极的态度且去做了就应该肯定。

肯定同时也是一种管理工具，整天黑着脸训斥下属，即使做得很好，也从来以阴雨天的脸孔面对下属，是得不到下属的尊重的。下属对你的怕，纯粹是怕你的职权，一旦有一天你垮台了，下属内心里拍手称快！墙倒众人推，更甚的是落井下石，还有的恨不得把你打倒的同时还要踏上一只脚，让你永远不得翻身！要经常肯定下属，他就视你为知己！做事情就更加勤奋。

肯定从另外一个意义上讲就是赞赏，人人都渴望掌声与赞美，哪怕只是一句简单的赞语，都会给人带来无比的温馨与振奋。有个名人曾经说过："人都是活在掌声中的。"当下属被上司肯定、受到嘉奖的时候，他会更加卖力地工作。既然赞美能够使员工对自己更加自信，对工作更加热爱，更加能提高工作效率，作为上司，对于这种不需要成本而效果明显的激励“武器”，特别在经济危机的环境下，为什么不经常使用呢？

给下属的赞美也要及时而有效，别等黄花菜都凉了才想起来，当下属工作表现很出色，上司应该立即给予称赞，让下属感受到自己受到上司的赞赏和认可。除了口头赞赏，我认为还可以使用很多不同的方式来称赞下属，比如书面赞美，让下属持久地感受到赞美的喜悦与激励；对下属一对一的赞赏可以提升下属的工作情绪；公开的表扬可以加速激发下属对成功的渴求；甚至可以采用团队开个小型庆祝会的方式，鼓舞团队的士气。我的公司通常会在下属工作满一年或者他生日的当天给他准备份小礼物，并且感谢他对公司的辛劳和贡献。

2. 目标激励

目标激励就是指通过目标的设置，使下属的个人目标与组织目标紧密地联系在一起，以激励下属的积极性、主动性和创造性。

目标是行动所要得到的预期结果，目标本身是行为的一种诱因，具有诱发、导向和激励行为的功能。因此，适当地设置目标，能够激发人的动机，调动人的积极性。在达到目标的每一个阶段都要进行及时的目标奖励。目标奖励作为激励的一种重要手段，只要使用得当，都能进一步调动人的积极性，激发人们自我完善的主动性。当然奖励可以包括物质的，也可以包括精神的，有时可以物质和精神两者合一。

3. 文化激励

每个公司都有自己的企业文化，相对来说每个部门也有自己的部门文化，这是子文化与母文化的统一，部门文化某种意义上来说就是部门发展的潜阵地。优秀的部门文化氛围本身就会使下属感觉是一种赞美、一种尊严。没有哪一个下属愿意在一个难以胜任的领导的部门里面长期地待下去，所以经理或中层管理者必须要尽力营造良好的部门文化氛围，使下属时刻受到激励。这种激励是一种潜在的力量，这种激励的过程是一种潜移默化的过程。良好的部门文化和受到良好部门文化熏陶的下属们互相促进，同步发展，部门团队建设就容易走上良性的轨道，下属就会顺利地发展。

4. 沟通激励

沟通更是一种对下属的激励方式。好像没有多少人会认可这一说法。我们想想，在职场里一个上司从不和下属沟通，无视下属的存在，结果会怎样？你高高在上，你找下属谈天、聊工作随叫随到；而下属想给你说句话都得看你的时间、你的脸色、你的情绪……而且经常神龙见首不见尾。

作为一个团队的领导要经常和下属谈心与沟通，了解他们工作中或生活中存在的问题，及时掌握员工的心理动态。下属会认为上司在关注着自己，通过沟通和谈心，下属会认为和上司的距离很近。一个月都不和下属说几句话的上司，鬼才知道你在想什么，你的“无言”会让下属无所适从。一个屋檐下，低头不见抬头见。除了布置工作、监督工作、检查工作三部曲，早晚有一天下属会逃之夭夭……

5. 团队激励

团队激励分为团队薪酬激励、团队情感激励两种，是对整个团队的激励措施（不针对个人），主要为考量团队的共同绩效而采取的激励工具和手段。

团队激励要结合实际，要物质和精神并存。在电影《投名状》里刘德华扮演的二哥，在攻城时豪迈地告诉兄弟们：“咱进城，抢钱！抢粮！抢地盘！”如果换一种说法：“进了城咱们就实现了目标，精神上得到满足！”估计喽啰们会回答：“呸，你以为老子加入黑社会是为了兴趣呀！要攻你自己攻去，碍我鸟事！”通过有效的团队激励可以增强团队制订计划和解决问题的能力，而且有助于促进团队成员间的相互合作，从而提高团队的工作业绩，为企业带来更多的收益。

当然，激励的策略还包括制度激励、自我激励及成长激励等等。激励策略只是激励下属的方向，需在工作中转化成实际的操作行为才能取得事半功倍的效果。有效激励的方法非常的多，下面就列举部分非物质形式的激励，供大家使用：

（1）下属作出成绩的时候，要亲自去祝贺，并鼓励再接再厉。

（2）将优秀的下属经常请到办公室，沟通、肯定、赞美。

（3）经常把自己的下属介绍给上级或同级，请上级领导感谢作出成绩的下属。

（4）经常在部门会议上公开表扬下属。

（5）主动关心下属的生活。

（6）给下属荣誉感，如证书等，把表现突出的下属照片挂在宣传栏里。

（7）经常请优秀的下属吃饭、联络感情。

（8）在下属服务周年或生日时送一张贺卡和礼品，表示祝贺。

（9）为下属创造机会，去参加同行的研讨会或学习班。

（10）安排有挑战性、创新的工作。

（11）经常与下属交流（不限于工作）。

（12）创造公平竞争的环境。

（13）对工作和发展提供指导。

（14）出故障时少些责备，多些体谅。

（15）重视下属的建议并及时反馈。

（16）时常让下属能感觉到在上司心目中有重要的地位。

（18）让下属了解完成任务后会得到什么提升。

（19）愿意经常为下属承担责任。

（20）平易近人不要摆架子。

假如以上的二十点激励方法每天用在一个下属身上，相信你很快就能悟出管理的真正精髓，而且感受到管理过程中有多么幸福。当然，激励下属只是达到目标过程中的方法和工具，同时也是为执行力的提升奠定了坚实的基础。

如何提升执行力

企业执行力现在成了中国企业界流行的热门话题。如何理解企业执行力呢？有一则管理寓言很形象地展示执行力在上下级之间的微妙关系：耶稣带着他的门徒彼得远行，途中发现一块破烂的马蹄铁，耶稣希望彼得捡起来，不料彼得懒得弯腰，假装没听见。耶稣自己弯腰捡起马蹄铁，用它在铁匠那儿换来3文钱，并用这些钱买了十几颗樱桃。出了城，两人继续前进，经过的是茫茫荒野，耶稣猜到彼得渴得厉害，就让藏在袖子里的樱桃悄悄地掉出一颗，彼得一见，赶紧捡起来吃。耶稣边走边丢，彼得也就狼狈地弯了十七八次腰。于是耶稣笑着对他说："要是按我想的做，你最开始弯一次腰，我也就不用一次又一次重复地扔樱桃，你也就不会在后来没完没了地弯腰。"这个寓言很有意思，它反映出这样一个问题：在企业中领导所想的和下属所想的，往往不能有效地统一。执行力缺失，使领导者的所有工作都变成一纸空文或一场空谈。

究竟什么叫执行力？执行力（EXECUTION），指的是贯彻战略意图，完成预定目标的操作能力。它是企业竞争力的核心，是把企业战略、规划转化成为效益、成果的关键。一个企业是一个组织、一个完整的肌体，企业的执行力也应该是系统的、有组织的和团队的。执行力是企业管理成败的关键。一个执行力强的企业，必然有一支高素质的员工队伍，而具有高素质员工队伍的企业，必定是充满希望的企业。再简单点说：执行力就是把战略转化为行动计划，并对其结果进行测量的过程。

要提高企业的执行力，不仅要提高企业从上到下的每一个人的素质与工作能力，而且要提高每一个单位、每一个部门的整体执行力，只有这样，才会形成企业的系统执行力，从而形成企业的竞争力。

执行力是很多企业共同面临的问题之一，也是企业管理者最头痛的问题之一。很多人把执行力理解得相当复杂。执行力简单而言，对中层管理者就是“领导力”，对下属或基层员工就是“生产力”。领导力与生产力的结合就是执行力。具体点说：执行力就是企业中层管理者理解目标并组织实施的能力。相对于决策层定位于“做正确的事”来说，作为中层管理者的定位应该是“正确地做事”；相对于操作层员工“正确地做事”的定位来说，作为中层管理者的定位又应该是“做正确的事”。一句话：中层经理或管理者既是执行者，又是领导者。他们的作用发挥得好，是高层联系基层的一座桥梁；发挥得不好，是横在高层与基层之间的一堵墙。企业决策层对各种方案的认可，需要得到中层管理者的严格执行和组织实施。如果企业全体中层管理者队伍的执行力很弱，与决策方案无法相匹配，那么企业的各种方案是无法实施成功的。

在职场中，执行力不到位的问题不外乎两个：一个是管理者本身的问题，一个是执行者（下属）的问题。

要改善部门的执行力，首先要把重点放在部门的管理者身上。可以这样说：一个好的执行部门能够弥补决策方案的不足，而一个再完美的决策方案，也会失败在滞后的执行部门手中，从这个意义上说，中层管理者是决定着执行力高低的关键。执行力的问题往往也出现在中层管理者身上。在执行的过程中存在着七种误区，以至造成执行结果不尽如人意。误区如下：

（1）执行就是把事情做到、做完。

（2）执行只要重视行动。

（3）执行就是尽己之力完成工作。

（4）执行者往往认为自己做的是对的。

（5）执行就是做到底，不用变通。

（6）执行者思维单向，缺乏沟通。

（7）执行者遇到资源不足，感到无奈。

而正确的认知是：

（1）执行是要把事情做好、做对。

（2）执行必须针对目标采取行动。

（3）执行需要个人出力也要团队协作。

（4）执行者要能理解领导的意图抓对方向。

（5）执行要面对现实与变化，知道变通。

（6）执行者需要换位思考，多作沟通。

（7）执行者要具备争取资源的说服力及影响力。

因此中层管理者不论是作为一个执行者，还是一个领导者，都必须通过下属来完成任务。要做个“表率”的领导，应该有意识地提高以下能力：

1. 领悟能力

中层管理者在接到任何指令或任务之前，一定要先弄清楚上司希望你怎么做，然后以此为目标来把握做事的方向，这一点很重要。千万不要一知半解就开始埋头苦干，到头来力没少出、活没少干，但结果是事倍功半，甚至前功尽弃。清楚悟透一件事，胜过草率做十件事，并且会事半功倍。换句话说就是要求管理者做正确的事。

2. 计划能力

中层管理者在执行任何任务时，都要制订计划，计划（PLAN）是执行任务的蓝图，包括：目标、工作步骤、进程、方案、资源分配、衡量基准等。计划必须围绕着目标的实现来制订。按照轻、重、缓、急列出计划表，一一分配部下属来承担。最后眼光放在部门未来的发展上，不断理清明天、后天、下周、下月，甚至明年的计划。在计划的实施及检讨时，要预先掌握关键性问题，不能因琐碎的工作，而影响了应该做的重要工作。

3. 指挥能力

无论计划如何周到，如果不能有效地加以执行，仍然无法产生预期的效果。为了使下属有共同的方向可以执行制订了的计划，适当的指挥是有必要的。指挥下属，首先要考量工作分配，要检测下属与工作的对应关系，也要考虑指挥的方式。以目标为导向，从效率、安全、成本、速度、品质、创新上下工夫，简化为六要就是要“多、安、省、快、好、新”，并且将其量化为关键绩效指标：

“多”的 KPI 包括：每月营业额、每季利润额、每月生产量/销售量、市场份额（%）、每个员工的生产力；

“安”的 KPI 包括：事故发生率的降低、顾客满意度的提高、顾客投诉率的降低、机器设备故障率的降低、工作计划的变动影响；

“省”的 KPI 包括：降低成本的幅度、费用开支的控制、省时省力的程度、流程简化、提高效率、加班时数的控制；

“快”的 KPI 包括：交货准确度、对顾客需求的回应速度、产品上市速度、存货周转率、资金周转率；

“好”的 KPI 包括：良品率的提高、不良率的减少、产品性能的提升、文件品质的正确度、财务报表的正确度；

“新”的 KPI 包括：新产品的开发件数、新客户与新市场的开发、工作流程的改善或创新、员工提案改善件数、采购开发新的供应商。

通过计划实施的过程，激发下属树立强烈的目标意识，通过有效的管理指挥能力和管理艺术，使每个环节都能准确无误地达到目标。

4. 控制能力

控制就是追踪考核，确保目标达到、计划落实。虽然谈到控制会令人产生不舒服的感觉，然而企业的经营有其十分现实的一面，有些事情不及时加以控制，就会给企业造成直接或间接的损失。但是，控制若是操之过急或是控制力度不足，同样会产生反作用，控制过严使下属口服心不服，控制不力则可能连现场的工作纪律也难以维持。要清楚最理想的控制，就是让下属通过目标管理方式实现自我控制。

5. 协调能力

任何工作，如能照上述所说的要求，制订完善的计划，再下达适当的命令，采取必要的控制，工作理应顺利完成，但事实上，中层管理者的大部分时间都必须花在协调工作上。协调不仅包括内部上下级、部门与部门之间的共识协调，也包括与外部客户、关系单位、竞争对手之间的利益协调，任何一方协调不好都会影响执行计划的完成。要清楚协调的最终目标就是实现共赢。

6. 授权能力

任何人的能力都是有限的，作为中层管理者不能像业务员那样事事亲力亲为，而要明确自己的职责就是培养下属共同成长，给自己机会，更要为下属的成长创造机会。孤家寡人是成就不了事业的。下属是自己的一面镜子，也是延伸自己智力和能力的载体，要赋予下属责、权、利，下属才会有做事的责任感和成就感。切记“成就下属，就是成就自己”。

7. 判断能力

判断对于一个管理者来说非常重要，企业经营错综复杂，常常需要去了解事情的来龙去脉、因果关系，从而找到问题的真正症结所在，并提出解决方案。这就要求洞察先机，未雨绸缪。要清楚怎样才能化危机为转机，最后变成良机。

8. 创新能力

创新是衡量一个人、一个企业是否有核心竞争能力的重要标志，要提高执行力，除了要具备以上这些能力，更重要的是还要时时、事事都有强烈的创新意识。这就需要不断地学习，而这种学习与大学里那种单纯以掌握知识为主的学习是很不一样的。它要求大家把工作的过程本身当作一个系统的学习过程，不断地从工作中发现问题、研究问题、分析问题、解决问题。解决问题的过程，也就是向创新迈进的过程。因此，做任何一件事都可以认真想一想，有没有创新的方法可以使执行的力度更大、速度更快、效果更好。要清楚创新无极限，唯有创新，才能生存。

9. 决策能力

关键是现场的决策能力，否则，再高深的理论素养和实践经验都会显得苍白无力。

执行不力还有一个原因就是实际执行者（下属）的问题，也就是说管理者是否找对了执行的人。有人做过统计：在世界500强里面，美国西点军校毕业出来的董事长有1000多名，副的也有2000多名，总经理至董事一级以上的是5000多名。任何一个商学院都没有培养出来这么多有执行力的人才！那么为什么西点军校能培养出这么多的人才？作为上司如何找到执行力强的人才？这是每一个管理者都要去思考的问题。什么样的人执行力是好的、强的？我的结论是，优秀的执行人在性格、心胸、知识程度等方面可能完全不一样，唯一相同的是他们都有一个共同的特点：对自己负责任。只有对自己负责任的人才会信守承诺；只有对自己负责任的人才会以结果导向；只有对自己负责任的人才会永不放弃！通常极度聪明的人大多不是执行型的人，因为他们太容易发现捷径，反而花太多时间去找各种各样的捷径。每个人的本性中始终在重复着一个永恒的主题：回避风险。所有的执行在管理层面上都可以总结为一点：责权利的对等。要充分对下属信任和授权，但过程中也要监督。只有这样，下属才不会辜负你对他的信任，才会努力工作。

第三节　老板要效率，个人要实际

效率一词最早在拉丁文中出现，EFFICIENT，是指有效的因素。19 世纪末叶，效率的特定含义应用于机械工程方面，表示输出能量与输入能量的比值。后来，效率这一概念广泛应用于经济和管理领域，反映经济系统的产出对投入或收益对成本的比值。经济学中的效率就是指实现“利润最大化”。

当代社会人非常的现实。企业老板也是人，作为投资人，可能满脑子考虑的都是效率。考虑自己的投资和回报是否成正比。很多老板只考虑结果，并不关注过程。正因为老板是人，人都有劣根，人都有缺点，老板关注效率、关注资产、关注钱、关注企业发展命脉都是没有错的。很多老板都是穷怕了才当的老板。但是接下来我还是想站在职业人或管理者的角度剖析一下企业老板思维中存在的问题：

（1）金钱概念的扭曲。在职场里，经常听到企业员工对老板类似的抱怨：奶奶的，请人吃顿饭花好几千，去趟夜总会花掉过万，可是给一点福利就像割他的肉。有一句话说得不无道理，女人学坏就有钱，男人有钱就学坏，越有钱的人越吝啬。很多企业老板特别是民营企业老板，从底层靠着自己打拼发展起来以后，就忘了自己当年的寒酸，更忘记了自己当年在职场的境遇。宁愿把金钱大把大把地花在香风靓女身上，也不愿意花在企业员工身上。拖欠员工报销款、拖欠员工工资，等等，难道不知员工是怎么想吗？就工资而言，既然工资早发也是发，晚发还得发，早发一天和晚发一天员工内心对老板的评估却有天壤之别，真搞不懂那些企业老板难道真的不明白这个道理。

(2) 过度的领主意识。通过艰难的打拼，企业由小渐大，由弱渐强。老板们开始变得愈来愈固执己见，所有的重大决策都由企业领导人自己作出，主观性和随意性较强。大多数出身底层的企业家内心深处多少有些报复心理，或者是补偿心理。其实，很多民营企业家都有这种潜意识，这种领主意识和出身有一定的关联。

(3) 权谋文化。因为有领主意识存在，这种集权式的领导风格使企业的经营者为了维护自己的权威地位，不喜欢下属表现出比他更强的才能，强调下属对自己命令的绝对服从。这就使得企业里的员工创新意识薄弱，他们只是在命令下机械式的重复工作，他们对市场的变化难以作出反应。既然是领主，一切以是否听领主的话、是否顺领主的心意为标准，而不是以对企业的实际贡献为标准。

(4) "人治"化管理。做咨询这么多年，我最大的感触就是企业内部缺乏完善的决策机制和民主管理机制，所有的重大决策都由企业老板自己作出，主观性和随意性较强，其决策正确与否主要取决于领导者个人的能力，这实际上孕育着作出错误决策的较大风险。企业规模越大，这种危险性就越大。

我身边有一家团膳企业，我是这家企业老板的私人顾问，现在也成了朋友。老板姓黄，年纪轻轻就凭着自己的精干和努力使企业稳步快速发展到年两个亿的销售额，为了能突破发展瓶颈四处寻找融资渠道，找了几个同行的老板谈合作，不厌其烦，一次又一次地请吃请喝，希望他们能和自己的理念结合，把公司做强做大，最终走向资本运作。可是我明显感受到另外几个老板的内心世界。他们的顾虑非常的多，缺少这种规模意识，满足于小富即安、拘于小打小闹、家族经营、船小好掉头的狭隘观念，不愿与他人进行资金、技术等合作。喜欢以自我为中心，习惯了“人治”化的管理模式。就是这种思想的影响，使民营企业难以成规模，难以走向企业集团化，从根本上制约了民营企业的可持续发展。已具有相当规模的家庭—厂商—公司制的企业，包括一些已经脱离家庭经营的，甚至是股份制的企业，也没有跨越家族门槛或家长权威模式而转换为现代企业制度。究其自身的原因，最根本的一条就是思维模式的狭隘与家族主义文化的束缚。

老板要效率天经地义，但首先考虑企业要有效率地经营，必须要有良好的体制，要避免决策的随意性。企业这个团体是一个经济组织，其每一个行为都必须进行具体的利润数字的计算，老板和中层管理者都应成为真正的商人，具备商人的思维，习惯商人的行为。由于资本的目的就是追求利润，那么作为资本的人格化的企业家，就必须以利润为目的，任何不计算成本、不预算利润的随意性决策都不应出现。

其次，要避免决策的模糊性和盲目性。市场经济只有开始没有终止，凡是老板都必须以平静的心态参与无休止的市场竞争。所以，以老板为核心的决策层对企业全局的安排要经常思考和准备，才可以有备无患，临危不乱。

最后也是最重要的一点，企业要走上现代化的管理之路，取得更好的发展，获得更大的效率，就必须处理好领导者的个人权威与完善的管理制度之间的关系，处理好集权与分权之间的关系。提倡参与管理，鼓励企业员工提出合理化建议，改变过去那种片面要求下属服从的做法，允许他们对上级的命令持不同看法，鼓励创新，调动员工的积极性和创造性；进行有效的授权，用人不疑，疑人不用，对下属的能力予以充分的信任，赋予其相应的责、权、利，鼓励其独立地完成工作，而老板只给予必要的指导和监督，而不是像过去那样事必躬亲，动不动就拍案而起。

老板要效益，作为企业员工要能读懂这种心态的内涵。常言道：大河没水小河里干，企业没有效益，老板的投资打了水漂，最后难过的不单单是企业老板。因为彼此同船共渡，都在一个船上，真的有一天船翻了，老板是瘦死的骆驼比马大，遭罪的还是自己和等你家用的家人。

有一句话我要警告所有的职场的朋友：只要你一天还在你现在服务的这个企业里，就永远不要尝试和你的老板做朋友，二者之间永远有一道无法逾越的鸿沟。

千万别把老板当朋友，老板就是老板，这一点作为职业人一定要清楚。常言道：你有你的千条计，我有我的老主意。当然我不是倡导你和老板对着干，只是要你知道企业老板心里在想什么，究竟要什么。在任何时候也要知道自己在做什么和要什么。

假如你从来不考虑你是否能给企业老板想要的东西，那么，作为职业经理人你是缺乏智慧的。我在上面章节里反复强调老板请你来做的三件事，在这里再加深一下印象：第一件事情就是你能解决问题！第二件事情就是你能为老板创造价值和带来回报！第三件事情就是能带领好团队，培训好下属！重中之重的第二件事情务必做到最好！

那么，中层管理者已经身居领导岗位了，老板要效益，你该要什么呢？很多中层管理者没有系统地想过这个问题，也就是说没有就自己目前的角色为自己清晰地做个定位和规划！对中层管理者而言，个人利益要放在重中之重，当然，这个利益不是狭隘的钱！

作为中层管理者，你的工资是由两部分组成的，一份是有形工资，一份是无形工资。有形工资体现为薪资、福利、环境、形象、晋升、培训。这些都是看得见摸得着的，只要你工作勤奋，只要你努力，这份工资会有一个合理的回报。我在这里要强调的是你的另外一份工资，那就是无形工资。无形工资主要体现在工作历练、能力提高、人脉关系的建立、视野扩大、学习第二专长等方面。这才是中层管理者第二份最核心也是最宝贵的工资。在职场里任何时候都不能放弃对这份工资的追求，如果你服务的公司给不到你第二份工资，你在那里熬下去是徒劳无功的。我们以下就无形工资作一个简单的剖析。

1. 工作历练、能力提高

在职场里如果不给你发挥的舞台，请问做一个中层管理者，只是为了一份工资有何意义？在一个企业工作首先要考虑在这个企业能学到什么东西，能发挥多大的能力，通过这份职业的历练会给自己带来什么。我的其中一家公司是做人力资源咨询的，公司很多项目经理或员工都曾经是其他公司从事高管或人力资源专业领域管理的职业经理人，他们来到我的公司，很大程度上都是想全方位地提升专业水平。因为他毕竟走了几家企业，虽然也是做中层或高层管理者，可是那毕竟只是一家企业，而我的公司是要对各个行业的公司进行诊断和提供解决方案。在我的公司一年，起码作为一个项目经理要接触几十家企业，在服务多家客户和企业的同时，受益最大的除了公司就是他们自己。在工作的时候同时历练自己，使自己在行业里有一定的水平，自然获得的那份工资就不是财务部定期发放的月薪了。

2. 人脉关系的建立

人脉关系是走向成功不可缺少的要素之一。作为无形工资的人脉就是企业里你接触的同事、你的客户、你的上司，他们都可能是你未来创业第一桶金的给予者，也可能是你未来成功不可缺少的桥梁。要善待他们，任何时候都不要忽略他们，走到哪里都不要和他们失去联系。职场里很多人走出哪里就把人脉丢到了哪里，电话换得像换衣服，过三个月就谁也找不到谁了。所以经常听人说，经常换电话的人只有两种情况：第一种就是混得不怎么样，或者没钱交电话费了，换了小灵通什么的，找不到！第二种就是做了什么见不得人的事情了，躲起来了，或者是女人太多，为躲女人。不管哪种情况都是好说不好听。坦白说，我的第一桶金就是我以前的同事带给我的，他在离开我们共同服务的公司之后，在另外一家知名的企业做高管，知道我开了公司后找到了我，凭着彼此良好的人脉关系，他的公司成了我创业时达成长期合作的第一家公司。

3. 视野扩大

在职场里你的第三份无形的收入就是视野的扩大。当了领导，自然角色也起了变化，从以前个人的微观到管理组织的宏观，要学会从更高的层面来看待问题。一个从来没有坐过飞机的人是无法想象坐飞机的感觉的，一个从来没有住过五星级酒店的人，也是无法想象那种舒适和惬意。做了领导，虽然责任重了，但是你的视野无形中开阔了很多。这份无形的工资又是你未来自我增值的法宝。

4. 学习第二专长

每个企业的组织都不是单一运作的，每一个部门都有独特的运作流程和运营机制，别傻傻地做人事就只懂人事，做行政就只懂行政，做生产就只懂生产。一定要做一个复合型的人才，直到你离开了这家企业，只要你愿意，任何一家企业的任何一个同职岗位，你都能做，那你也算在这个企业真正地挣到了第二份无形工资。我在上面讲了专才和通才的区别，作为职场里的中层管理者要让自己成为通才。成为通才，无论是亚洲经融风暴还是世界经融风暴对你都没有任何影响，销售岗位不好做你就做人事，人事不好做你就做物流，物流不好做你就做生产，什么好做你就做什么，什么有发展你就做什么。我就知道我公司的一个同事，做销售工作的同时，利用在公司学到的第二专长出去讲课（利用节假日），每个月也有万元的收入，收入颇丰，并扬言未来要做一个专业的讲师。

总之企业和个人只有双赢才能合作得长久。无论是企业还是我们中层管理者都要客观地站在彼此的立场去考虑问题，多些包容和理解，切莫虚度光阴，找到自己的目标，结合自己的切身利益，把自己的职业人生打造得更有价值，为自己在未来职场的起飞打下雄厚的基础。

第六步　沟通是职场的通行证

职场是看不见硝烟的战场，在职场里，言行举止无不透露着你的高度和深度。好话一句三春暖，要想赢得人脉，要想赢得尊重，要想赢得机会，就要见人能说人话，见鬼能说鬼话。人到哪里都有一张通行证，沟通能力就是通行证，得到这张通行证，就需要我们在日后的学习、工作和生活中不断学习。

在南朝时，齐高帝曾与当时的书法家王僧虔一起研习书法。有一次，高帝突然问王僧虔说："你和我谁的字更好?"

这问题比较难回答，说高帝的字比自己的好，是违心之言；说高帝的字不如自己，又会使高帝的面子搁不住，弄不好还会将君臣之间的关系弄得很糟糕。

王僧虔的回答很巧妙："我的字臣中最好，您的字君中最好。"

皇帝就那么几个，而臣子却不计其数，王僧虔的言外之意是很清楚的。

高帝领悟了其中的言外之意，哈哈一笑，也就作罢，不再提这事了。这就是说话的"艺术"。

20世纪40年代，美国人将"口才、金钱、原子弹"列为世界上生存和发展的三大法宝。到了60年代以后，又将"口才、金钱、计算机"看作是最具力量的三大武器。口才，即如何沟通、如何说话，一直在三大法宝中独占鳌头。

另美国著名学府普林斯顿大学对一万份人事档案进行分析，结果发现："智慧"、"专业技术"和"经验"只占成功因素的25%，其余75%取决于良好的人际沟通能力。

哈佛大学就业指导小组1995年调查结果显示，在500名被解职的男女中，因人际沟通不良而导致工作不称职者占82%。只有与人良好地沟通，才能为他人所理解；只有与人良好地沟通，才能得到必要的信息；只有与人良好地沟通，才能获得他人的鼎力相助，正所谓"能此者大道坦然，不能此者孤帆片舟"。

在职场里，既然沟通如此重要，就让我们先一起回顾一下著名《三国演义》里的另外两个历史人物吧。一个是典型的言过其实，另一个是祸从口出。这两个人物都是因为沟通或表达问题，最后以悲剧下场结束了生命。

《三国演义》中的第一个小故事，是这样的：

马谡是三国时的将领。他与哥哥马良，都在刘备手下做官。马谡爱好谈论军事，丞相诸葛亮很看重他。但是，刘备总觉得马谡好高谈阔论，说话不踏实。刘备临死前，曾经对诸葛亮说："马谡此人言语浮夸。超过他的实际能力，不可重用。丞相要留意才是！"公元227年，诸葛亮向刘禅上了一篇奏章，即著名的"出师表"。次年春，他率军伐魏。由于他忘记了刘备的忠告，当时马谡信誓旦旦，夸下海口且立下军令状请命驻守街亭。故而，诸葛先生信其言，派马谡去驻守战略要地街亭，致使街亭失守，伐魏失败。事后，诸葛亮向后主刘禅上表，要求免去自己丞相职务，降级三等，以处罚自己用人不当，造成败绩的重大过失。这时他才想起，刘备临终时嘱咐自己说，马谡此人言语浮夸，言不可信，超过他的实际能力，不可重用，要留意才是。由于自己没有照此办理，结果铸成了大错。

《三国演义》中的第二个小故事，是这样的：

曹操出兵汉中进攻刘备，困于斜谷界口，欲要进兵，又被马超拒守，欲收兵回朝，又恐被蜀兵耻笑，心中犹豫不决。正碰上厨师进鸡汤，操见碗中有鸡肋，因而有感于怀。正沉吟间，夏侯惇入帐，禀请夜间口号。曹操随口答道："鸡肋！鸡肋！"夏侯惇传令众官，都称"鸡肋！"行军主簿杨修见传"鸡肋"两字，便教随行军士收拾行装，准备归程。有人报知夏侯惇，夏侯惇大惊，遂请杨修至帐中问道："公何收拾行装？"修说："以今夜号令，便知魏王不日将退兵归也，鸡肋者，食之无肉，弃之有味。今进不能胜，退恐人笑，在此无益，不如早归，来日魏王必班师矣。故先收拾行装，免得临行慌乱。"夏侯惇说："公真知魏王肺腑也！"遂亦收拾行装。于是寨中诸将，无不准备归计。曹操得知此情后，唤杨修问之，修以鸡肋之意对。操大怒说：“你怎敢造谣言，乱我军心！”喝刀斧手推出斩之，将首级号令于辕门外。那年杨修死的时候只有三十四岁。

马谡失街亭——言过其实，害人害己。当然诸葛先生也有用人不当之失。对马谡而言，街亭失守，死有余辜。

杨修自以为是、口无遮拦，造成杀身之祸，这也和他在当时的职场里“恃才放旷”的思想作风有关。为显示自己的聪明才智，置军纪于不顾，一闻“鸡肋”就自动收拾行装，并煽动其他人也作归计，因此，给曹操找到杀他之借口，咎由自取。

在职场里，凡金口玉言者都有良好的表达与沟通技巧。作为企业管理存在的问题，80%是因为管理沟通不良造成的。因此，作为管理者需要在沟通上所花的时间远远超过工作的时间。管理者能力的体现除了专业的体现，更多的是管理沟通技巧的体现（如下图）。

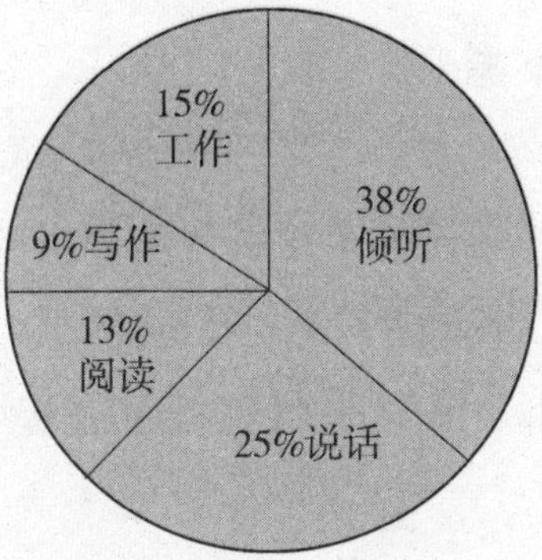

管理者能力构成图

想生活得好，想工作得好，想得到认同，想得到尊重，就要会说话，说好话，会沟通，会表达。这种技巧，是一个管理者在职场、生活中都必须具备的技能之一。在职场里，为什么我们时常认为公司人际关系相当的复杂？为什么同样的谈话听者的结论完全相反？为什么汇报同样的工作，不同的人得到的支持悬殊？为什么指派别人做事，结果与预期相差甚大？在生活中，为什么家庭的纷争总是不断升级？为什么儿女对自己的教导总是听而不见？为什么婆媳之间的关系日趋紧张？为什么朋友的交流越来越少、越来越陌生？这些林林总总的问题归根结底都是缺乏沟通造成的！造成沟通缺陷的原因到底是什么？

1. 沟通的勇气

职场里很多管理人员认为多一事不如少一事，睁只眼闭只眼，遇到问题和矛盾，总是回避矛盾，不敢或不想沟通，缺乏沟通的勇气。生活中更是如此，有一句民间谚语是这样说的：有好汉没好妻，要饭的娶个花滴滴。什么意思？就是说，长得漂亮的男人娶的都是丑老婆，而长得丑的男人娶的都是俊媳妇。你放眼看一下这世界的夫妻，好像真的是那么回事。为什么呢？原因很简单，那就是丑男人通常都很有勇气，先天不足长得丑，在其他方面就有优势，一般美女都经不住这种丑男人的死缠烂打。

2. 沟通的心态

沟通过程中总是站在自己的角度看待和分析问题，缺乏换位思考的心态，常常以自我为中心。三句话不离“我以为”、“我觉得”、“我想”。沟通的心态决定你沟通的结果，很多人就是在沟通过程中没有端正心态，造成沟通失败。

3. 沟通的意识

缺乏沟通意识，不知道何为沟通，只是为了沟通而沟通，没有考虑沟通的结果和目标。

4. 沟通的原则

沟通缺乏原则，没有目的没有底线，随心所欲，天马行空，想说什么就说什么，没有任何顾忌，因此什么都说，什么都说不好。

5. 沟通的话术

沟通讲究的是艺术，话术讲究的是技巧，如果不分主次、不分角色、不分大小、不分场合地沟通，得到的效果和结果完全不同。

例如："吗"、"吧"这两个字在关键的时候用错了地方，得到的效果是怎样的？毫无疑问，这两个字一个是疑问，一个是肯定，在职场里面对上司时你该常用的是"吗"，而不是"吧"。

就有一些中层管理者对上司经常这样说：这事就这样吧！那事就那样吧！搞得上司也掉换了角色说：这事可以这样吗？那事可以那样吗？在私人企业还好一点，但是要在国有企业你整天和你的上司这样说话，相信你往后就等着他给你穿小鞋吧！一字之差，效果完全不同，你是什么角色你就用什么字。这就是"话术"，话术就是讲话的艺术。

再说点生活中的小案例。只要是经常喝酒的男人在酒场上就一定说过：来晚了，罚酒三杯。被罚人很理亏，极不情愿地喝了下去，心里的"郁闷"、"冤枉"被酒压下去了，去得晚的人一般都喝得最多。酒量好的人三杯酒下肚都不算什么，但是这三杯是"罚"到肚子了去的。我喝了这么多年酒，从来都没有用过"罚酒"两字。我平时去酒场的时候也很多，为了公平起见，来晚了，俺都会说：你来晚了，说明你比俺能干，有能力的人才有做不完的事情，很羡慕你，既然这么能干，兄弟们刚才还在赞美你，来！奖励三杯！对方一边说"哪里哪里"，一仰脖，他把酒喝下去了，感觉还很爽的样子！因为这是大家为他的辛苦奖励的三杯酒。虽然来晚了有罚酒之意，但能接受，而且爽快地接受。

你在职场里要想拥有管理沟通的技巧，就要了解沟通，掌握沟通方法，这样才能在任何一个场合都运用良好的沟通武器，呈现自己的魅力，并通过有效的沟通，达到自己的管理目的。

第一节　“沟通”是职场不可缺少的王牌

人类语言的历史几乎同人类的历史一样古老，离现在已有几十万年乃至百万年以上。从猿到人的决定性的第一步，是类人猿学会了直立行走。直立行走使类人猿的手得以解放，变得更加自由了，开始摆脱了简单的动物动作，像攀援、抓、握，去从事越来越复杂的动作。在这些劳动活动中，手和种种事物的多样性的联系、接触使得类人猿的神经系统受到了多样化的刺激，从而改进了神经系统的反应机能，锻炼了认识事物和区别事物的能力，促进了思维的产生。

简单来说：是劳动促进了猿人发音器官的改进，使原始人具备了语言所必需的声音材料。劳动强化了类人猿的手脚分工，使他们能自如地直立行走。而直立行走的结果，是肺从脊椎的压迫中解放出来，使呼吸更为自由。他们能够灵活地运用肺和声带，使口腔内的发音器得到改造，有了很大的活动余地。口腔与气管形成了一个直角，不像其他动物那样两者几乎是一条直线，从而使之在发音时能够构成多种阻碍，控制气流，即控制发音能力，发出更为丰富的声音。这样，语言就有了足够的声音材料。

由此可见，是劳动创造了语言。原始的语言究竟是什么样的呢？最初的语言一定是很简单粗糙的，语言也不甚清晰，基本词汇很贫乏，语法结构也很原始。虽然人已有了抽象思维，但是概念还很初级，概括的程度不高，往往是与具体事物相连的。然而，不管它多么原始，但毕竟已不同于动物的喊叫之声，毕竟是有声语言，是词的语言。而在人类社会中只有有声语言、词的语言可以作为交际工具，作为巩固人的认识活动成果的工具，满足人们的需要。现代各种高度发达的语言，都是在原始语言的基础上随着社会的发展，经过长时期的演变形成的。

那么沟通又是什么意思呢？如果你问美国人，什么是沟通，他可能会答："呵！沟通就是 Communication，表示是公开、公众，让大家知道。当然啦，沟通也有 Negotiation 的意思，好像讨价还价。又可以说是 Dialogue，意思是磋商、对话、谈判。"结果搞得人糊里糊涂。其实沟通就是沟通，中国人造的这个词就是很妙又有水平，用水沟的"沟"，以及通畅、通过、疏通的"通"组合而成。"沟通"就好比是"通沟"，简单而言就是挖沟，只有沟挖通了水才能流过来。

据《左传·哀公九年》的记载，说的是周平王三十四年（公元前 486 年），吴国在邗城挖掘邗沟，沟通江淮的事情。这是"沟通"一词的最早记载，也是"沟通"一词的起源，意思就是使两条河水相通。而到了现代，"沟通"一词用以泛指使两方联通，也指交流彼此的意见。从水渠交叉，各自相通，我们可以联想到人与人的交流何尝不是如水渠一样交汇往来，互相贯通，达到彼此一致。所以，"沟通"就用来形容把信息、思想和情感在个人或群体间传递，并且达成共同协议的过程。这就是现代意义上的"沟通"。政府和人民之间的"管道"不通畅了，有了民怨，要沟通。公司与员工之间有了"鸿沟"，造成"劳资纠纷"，要沟通。上级和下属为了业绩达标出现"沟坎"了，需要沟通。家长与孩子之间有了"代沟"，出现了所谓叛逆的子女，要沟通。生活中的沟通是为了达成共识，建立彼此间的信任关系。通过沟通，可以建立良好的情感渠道。

职场沟通术

在职场里，管理者的沟通目的，主要是为了增进人与人之间、人与组织之间、组织与组织之间的了解与理解，并且在管理过程中提高管理的效能。通过有效的沟通还可以获得更多的帮助与支持，激发员工的积极性和奉献的精神，使组织拥有团队的效能，提升个人成功几率。既然沟通是解决生活和工作中的问题，达到自己想要的目的和效果，就要考虑怎样提高自己的沟通水平。再具体一点，就是话该怎么说，说什么话别人才能接受。比如，不能见女人就问年龄，而且还这样表达：大姐，你多大了？保证任何一个女人听到你这话，不吐血也得伤心半天。每个人说出来的话分两种：

1. 对方听得进去的话

什么是听得进去的话？就是对方听着舒服，听得合理，听得没有争议，总是能说到对方的心里去的话。

2. 对方听不进去的话

什么是对方听不进去的话？那就是对方不能接受的话，说得没有道理的话，让对方恼怒、伤心、反感的话。我的一个朋友有过这样一个经历：他公司刚招了一个新同事，由于经常做项目，我朋友经常出差在外。有一天刚回到总公司，这位新同事上来打招呼：你好，总经理，我是刚来的×××。哦！欢迎你！我朋友回应。那位新同事说：哎呀，总经理你是不是不舒服啊，气色很差？我朋友说：可能是累的，刚出差回来。新同事说：总经理你的肝不会有问题吧？我朋友说：没问题，呵呵！那你的肾呢？新同事接着问。我朋友说也没有问题！那你的胆肯定不好，是不是有点黄胆啊，脸色好黄啊！我朋友说也没问题，谢谢你的关心！那你的……我朋友没等他说完就匆匆回自己办公室了。心里想，你小子不整死我，好像你不解气！在自己办公室窝囊了半天，到晚上打电话责问人力资源部怎么找回来这样一个人，学什么专业的？以前是做什么的？……人力资源部经理回应是业务部招聘的新业务员，大学学医的，毕业在农场当兽医……嘿！把我朋友给气得差点没眼歪嘴斜。

职场里沟通的对象很多，上司、下属、客户、同事等等。在任何时候都要把握沟通的三个要点：

1. 让对方听得进去

(1) 时机合适吗？

首先要考虑时机。公司如果正在面临经济压力，这个时候你有很多不必要的开支拿给领导批示，相信碰钉子的机会很大，因为时机不成熟。老板办公室刚进去了个靓丽的陌生女性，这个时候不是十万紧急的事情，你能敲门进去谈工作吗？肯定不合适。什么时候做什么事情、说什么话都要把握好时机，这样成功的机会就非常大。

(2) 场合合适吗？

其次要考虑场合，在什么样的场合说什么话，这一点很重要。中国人喜欢见面就问：吃了吗？我们上小学的时候，有个姓沈的男同学，说话总是让老师批评，早上上课迟到了，老师问：沈××你怎么又迟到了？答：咱妈做饭晚了……不是咱妈是你妈！老师纠正说。过两天又迟到了。老师问：沈×你怎么搞老迟到，又怎么了？咱妈昨天晚上没有调闹钟……老师再次纠正，不是咱妈，是你妈！后来沈同学迟到老师再也不问了，摆摆手就让他回到座位上，他是无论如何也不想和沈同学同一个妈！过了几天，这个老师在讲台上非常生气地批评某个同学，说：有些同学不会说话就少说点话，话说多了又说不到合适的地方。不管在哪里都问老师吃了吗，也不分场合。我们都听明白了，原来老师在厕所"蹲坑"的时候，我们可爱的沈同学声音很洪亮地看着老师的脸问：老师，吃了吗？真的把老师给尊重到家了，老师看看周边还有其他老师在蹲坑，硬是一句话没有说。可爱的沈同学以为老师没有听到，又洪亮地问了句：老师，你吃了吗？搞得我们的老师把头低得看不见脸。什么场合说什么话，这一点很重要。

(3) 气氛合适吗？

沟通要讲究气氛。在人才市场人家都在找工作，你在那里谈恋爱合适吗？在西餐厅，你的声音大得像杀猪的，一定会有人在心里骂：没素质。沟通的环境决定了氛围。在适当的场合、适当的氛围才能说适当的话。

2. 让对方听得乐意

（1）怎样说对方才喜欢听。

让对方听着乐意是要学问的。通常对方也都会站在自己的角度考虑问题，你先帮他考虑了，说话和沟通就站在他的立场说话，会让对方听着很惬意，你接下来的沟通就容易多了。而且，每个人都有自己的兴趣和爱好，要学会迎合对方。见年龄大的别问年龄，见身体差的别问健康。要说对方的亮点，年龄大的你说他气质好，年纪小的你说他有作为，这样的话对方肯定接受。

（2）如何使对方情绪放松。

特别是陌生人之间的沟通，如果有利害关系，千万别一上来就直奔主题。对方有一定的防范心理，要想让对方情绪放松就先把话题扯远，慢慢再回到你的目的，回到话题的中心。有一次我去深圳一家外企谈一个课程，当时去了四家公司，和我谈判的是一个台湾的副总经理，一见面就说：给你十分钟时间，你只要简单说明一下课程的设计和价格就行了。一脸的严肃。我刚把电脑打开，听他这么一说，我笑了！只有十分钟啊，那我就不用电脑展示了，咱们随便聊聊吧。我第一句话就说，你好像不是大陆人，你的风格更像台湾人。他说是啊，然后我们就东扯西扯，从他孩子聊到台湾政治，从个人婚姻聊到兴趣爱好，就是没有聊课程，足足谈了一个多小时。他一看表，说了句，今天就先到这吧！和你谈得很投机！我下面还有几家，我去把他们打发了。我说：课程咱还没谈呢，今天收获很大，除去商业行为，你这个朋友我交定了！他握着我的手说：没问题，你回去准备一下，晚上我们再通电话。结果是大获全胜，从此还交了个朋友。

（3）哪部分比较容易接受。

渴望得到赞美是人性中最根本也是最原始的本性，要赞美得当，不要让别人感觉到你的赞美有夸张之举。只要你尊重对方，对方是很乐意让你指引方向的，特别是当你显示出你尊重他、赞美他，而且他也具备你赞美的这些优点或能力的时候。

3. 让对方听得合理

（1）先说对方有利的。

想让对方听得合理，首先要说对方有利的因素。人最爱的还是自己，最关心的也是自己的利益，他想到的你已经帮他提前想到了。

（2）再指出彼此互惠的。

天下没有免费的午餐，双赢是沟通的目的，任何时候，沟通都是建立在互惠的基础之上。

（3）最后指出一些要求。

沟通总会有异议，在基本达到沟通目标的基础之上，要有妥善处理异议的能力。先提出要求，然后寻求最佳的解决办法。

上面先简单地谈了沟通的三个要素。沟通的渠道很多，通常分为语言上的沟通和非语言的沟通。语言沟通包括口头和文字，非语言沟通包括肢体语言、身体接触、距离方向三个方面。无论哪种沟通的前提，都是首先要学会倾听，因为倾听是沟通的前提。很多中层管理者在接受上级指令的时候总是没有听明白，就指挥下属开始实施执行，结果是做了前面的，后面的就不得而知了。“听”是一种艺术。作为一名中层管理人员在沟通过程中，应该主动听取意见，善于聆听，只有善于听取信息才能成为有洞察力的领导者。就是说，领导者不仅要倾听，还要听懂员工的意思。因此，在听对方讲话时要专心致志，不要心不在焉；其次，不要心存成见，也不要打断对方讲话，急于作出评价，或者表现出不耐烦，这样会使对方不愿把沟通进行下去；最后，要善解人意，体味对方的情感变化和言外之意，做到心领神会。

有一个典故说：一只飞鸟带着一群猪寻觅食物，它越飞越高，视野越来越开阔，高瞻远瞩，发现的机会也越来越多，不断地催促猪：“快快，向东跑，远处有片红薯地。”但下面的猪，看不到远处的红薯地，却正为眼前的一道河沟犯愁。类似的情形在企业中比比皆是：有一个企业老总骂下属：“真笨，跟猪一样!”下属也颇有怨言：“领导讲的是什么鸟语，我们听不懂。”老总说道：“我的思想 100 分，到副总经理那里只剩下 80 分，到部门经理只有 60 分，到员工那里有 30 分就不错了。”某企业老总在会上大骂部门经理“素质太低，简直没法沟通”，部门经理反唇相讥：“我们素质低在哪里？是你自己说不清楚。”老总看到下面总是领会不了自己的意图，总是搞不定，干脆自己挽起袖子干，结果发现自己出力出汗，员工在一边冷眼旁观，觉得很委屈。

沟通就像一个漏斗，信息在传达中越来越少，这都是因为倾听不力造成的。通过这么多年的企业咨询经验，我发现一个问题，企业老板也总是人为地把话说六分，其他的话都是给自己留余地的。为什么要这样，总是让下属猜老板的心，猜老板的潜台词？很可能老板以为自己说的话都是指示吧，不敢乱说。我有一天到我一个客户那里找一个高管，找了很久在一个副总的办公室找到他，里面坐了三个总监，两个副总经理，皱着眉头，抽着烟，很郁闷和烦躁的感觉。一问情况，原来是老板下了一道不理解的指令，几个人在那里猜老板的用意呢。

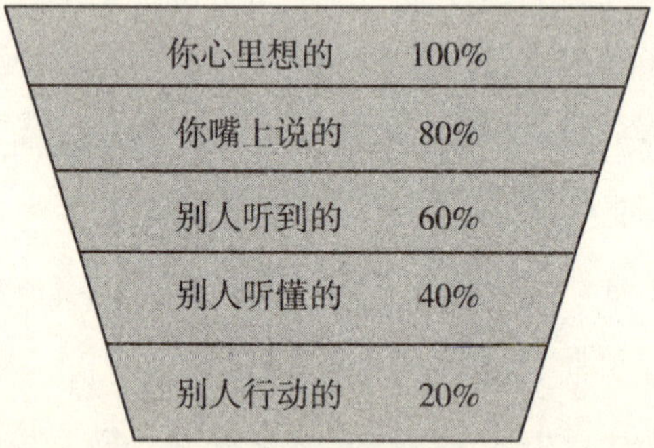

信息沟通漏斗图

老板只说了三分话，中层就要在那里抽一包烟似乎才明白老板的真实用意，而且还是猜的，这样的沟通，中层管理者如何能把老板的意图落到实效呢？

善于聆听

当下属反映问题，还只说了一半你就乱加评论或决议，其结果又是怎样的？

我经常讲高效沟通的课程，在讲倾听的重要性也都会讲一个大家都熟悉的经典故事：

曾经有个小国的人到中国来，进贡了三个一模一样的金人，把皇帝高兴坏了。可是这小国的人不厚道，同时出一道题目：这三个金人哪个最有价值？皇帝想了许多办法，请来珠宝匠检查，称重量，看做工，都是一模一样的。怎么办？使者还等着回去汇报呢。泱泱大国，不会连这个小事都不懂吧？最后，有一位老臣说他有办法。皇帝将使者请到大殿，老臣胸有成竹地拿着三根稻草，插入第一个金人的耳朵里，这稻草从另一边耳朵出来了。第二个金人的稻草直接从嘴巴里出来，而第三个金人，稻草进去后掉进了肚子，什么响动也没有。老臣说：第三个金人最有价值！使者默默无语，答案正确。

这个故事告诉我们，最有价值的人，不一定是最能说的人。老天给了我们两只耳朵一个嘴巴，本来就是让我们多听少说的。善于倾听，才是成熟的人最基本的素质。不管我们在平时的工作还是和上下级沟通中，善于倾听才是最重要的，善于倾听又分为两种。①不要随意打断发话人的言语，这既是尊重又是技巧。不随意打断别人说话才可以将谈话进行下去，最后是及时向发话人提问，这样可以激发他的兴趣，使得他更加愿意与你交谈，你从而可以得到你想要的信息。②善于倾听还要听言外之音，听别人的话外之话，这样你可以及时调整你自己，了解对方真正的含义，这样双方的谈话才真正有意义，有用！

聆听：取得智慧的第一步；有智慧的人都是先听再说。

医学研究表明：婴儿的耳朵在出生前就发挥功用了。20 世纪 80 年代中国还不是很富裕，很多怀孕的女性都喜欢弄个破录音机放到自己隆起的肚子上让婴儿听音乐，以培养了孩子的听觉。

一个真正的沟通高手首先是一个热衷于聆听的人，统计显示：倾听占了管理人员全部时间的 30%～40%；调查显示："倾听"名列 20 项重要经营技巧之首，倾听是建立信任最有效的方法。西方国家有一句经典的语言是，雄辩是"银"，倾听是"金"。倾听是一种尊重同时也是一种礼貌，通常朋友比较多的，能交到知心朋友的人都是会"倾听"的人。听要让对方把话听完，别听了一半就主观地理解对方后面的语言。美国知名主持人林克莱特一天访问一名小朋友，问他说："你长大后想要当什么呀？"小朋友天真地回答："嗯……我要当飞机的驾驶员！"林克莱特接着问："如果有一天，你的飞机飞到太平洋上空所有引擎都熄火了，你会怎么办？"小朋友想了想，说："我会先告诉坐在飞机上的人绑好安全带，然后我挂上我的降落伞跳出去。"当在现场的观众笑得东倒西歪时，林克莱特继续注视着这孩子，想看他是不是自作聪明的家伙。没想到，接着孩子的两行热泪夺眶而出，这才使得林克莱特发觉这孩子的悲悯之情远非笔墨所能形容。于是林克莱特问他说："为什么要这么做？"小孩的答案透露出一个孩子真挚的想法："我要去拿燃料，我还要回来的！"

你听到别人说话时，你真的听懂他说的意思了吗？你懂吗？如果不懂，就请听别人说完吧，这就是"听的艺术"：第一，听话不要听一半；第二，不要把自己的意思，投射到别人所说的话上头。在倾听的过程中只要把握好下面两点，你就是一个良好的倾听者：

1. 带着理解听

对方语言的表达，一定有其沟通的目的，不知道对方的真正意图，不理解对方的真实想法，你的倾听都是无效的。在对方开口说话的时候，就要用心去体会对方话语的内涵，把对方讲的关键字快速地在思绪中整理，准确判断对方表达的中心思想和企图。总之倾听是为了理解去倾听，而不是为了评价去倾听。

2. 带着回应听

对方表述过程中，要有积极回应，切记不要一眼不眨地死死盯着对方的眼睛，特别是异性，一不小心，滴下两滴口水，那就会被对方认为有好色之嫌。尽可能看对方的鼻尖或前额，眼神会显得柔和很多。听到满意或认可部分要点头响应，要随着沟通对象沟通内容调整自己的面目表情。对方说：最近心情不好，老人走了……一脸的悲伤。这时候你的反应不能还是微笑着看着对方，要把头低下来，也一脸的悲戚。

倾听是沟通之首。没有倾听就没有接下来准确的沟通。因此就中层管理者而言，要经常训练自己的倾听能力，下面有一个测试自我倾听能力的小测验，不妨就自己的倾听能力做个测试：

倾听力（自我认识测验）

指导：凭直觉做下面的选择题。

1. 当你要和朋友共进午餐时，你：________

a）将注意力放在菜单和餐厅服务上

b）询问朋友的生活情况，将注意力放在与朋友谈话上

c）将注意力放在食物上的同时，和朋友互相交换各自近况

2. 当有个人一直不停地讲话时，你：________

a）在适当的时候问一个能使其集中注意力的问题

b）找个借口结束谈话

c）尽力耐心并弄懂你所听到的

3. 如果一个同事向你抱怨另一个同事，而你也认为他扰乱了这个群体，

你：________

a) 会注意听但保留自己的观点

b) 会与其分享自己对这个人的感想和经历

c) 认可该同事的想法，并询问他或她的想法

4. 如果某人对你很挑剔，你：________

a) 尽力避免所有反应或变得沮丧

b) 显得很好奇并想学更多的东西

c) 仔细倾听，然后支持自己的观点

5. 你整天都很忙，却有人告诉你改变完成任务的方式，你相信这个人是错误的，因此你：________

a) 谢谢他或她的帮助，但仍然做你正在做的事情

b) 努力找出他或她认为你该改变的原因

c) 承认别人可能是对的，告诉他或她你很忙，并说以后会照做

6. 当你准备好对别人作出反应时，你：________

a) 在你认为必要的时候打断这个人

b) 几乎总是抢话

c) 只有相信别人已经说完了，才会接话

7. 你和某人争论了一场，之后你们每天还要一起工作，你：________

a) 静下心来，在阐述自己的观点前，努力理解别人的想法

b) 走自己的路，让别人说去吧

c) 继续树立自己的立场

8. 一个同事告诉你他不愿意接受另一个新工作，你：________

a) 问他是否能够找到新方法以解决该情形

b) 使他相信他会做得很好，并提供好的建议

c) 让他知道你了解他的心情

9. 如果一个朋友总是向你抱怨好多的问题，却从不问你的情况，你：________

a) 尽力找出共同的兴趣

b）尽管觉得很累，还是会给以理解和关心

c）接受他或她的抱怨，并提到自己的情况

10. 在争论中保持镇静的最好的方式是：________

a）继续以坚定但公平的方式重复自己的立场

b）重复你所相信的也是别人的立场

c）告诉别人你愿意在双方都冷静的时候讨论这件事

为以上每一项评分

1.	a）0分	b）10分	c）5分
2.	a）10分	b）0分	c）5分
3.	a）5分	b）10分	c）5分
4.	a）5分	b）10分	c）0分
5.	a）0分	b）10分	c）5分
6.	a）5分	b）0分	c）10分
7.	a）10分	b）5分	c）0分
8.	a）5分	b）5分	c）10分
9.	a）0分	b）10分	c）5分
10.	a）0分	b）10分	c）5分

总计得分：__________

答案如下：

80～100分：你是一个积极、出色的倾听者。你在倾听和提问之间平衡得很好，而且你很努力地想理解别人。

50～75分：你是一个不错的倾听者。尽管有时候你会抢话，反应得太快，但你还是听得很好。

25～45分：你是有一些倾听技巧，但还需要提高。在听别人说话时，因为希望别人快点说完你来讲话，你可能经常变得没有耐心。

0～20分：你不常听别人说话，常常是个说个不停的人。在等待别人讲出他们的观点时，常体验着一种极度的挫折感。

因此，聆听不但要用耳听，还要用眼去看，用心去悟。

有效的倾听是一个主动而非被动的过程；字眼给我们提供字面上的信息，而语调及肢体语言，则让我们了解到说话者的情感和精神需求；只有7％的意义是取自字面上的，其余 38％来自语音和语调，55％来自面部表情、姿势和手势。

在倾听过程中，还有一些细节作最后的补充，也是倾听时需要注意的：和说话者的眼神保持适当的接触；不可凭自己的喜好选择性地听，必须接收全部信息；提醒自己不可分心，必须专心一致；点头、微笑、身体前倾、记笔记；回答或开口说话时，先停顿一下；以谦虚、宽容、好奇的心胸来听；在心理描绘出对方正在说的；多问问题，以澄清观念；抓住对方的主要观点是如何论证的；等你完全了解了对方的重点后，再提出反驳；把对方的意思归纳总结起来，让对方检测正确与否等等。

我最大的感触就是，在职场里沟通是一张“王牌”，任何时期和阶段的进步与胜利，都是和这张王牌有关联的，你的煽动力、影响力和向心力也都和这张王牌有直接的关系。打好这张王牌就要克服自己在沟通中存在的缺陷。这张王牌的精妙之处就是：只有在沟通中抓到对方的需求，以及用对方接受的方式来表达，才真正意义上做到了知己知彼。只有当对方觉得在你心中他很重要，以及对方觉得你站在他的立场上思考，才真正意义上赢得了尊重。

并不是所有的人都能利用好这张王牌，经常会听到这样的话：我都和他沟通很多次了，但是没有效果……为什么没有效果，思考过没有？

说到≠听到≠听懂≠听会。沟通也要因时而异、因地而异、因人而异。理想的沟通境界：

（1）不批评，不责备，不抱怨；

（2）引发别人的渴望；

（3）保持愉快的心情；

（4）倾听别人；

（5）让别人觉得重要；

（6）主动用爱心关怀别人；

（7）真诚赞美别人；

（8）说别人感兴趣的话。

要想拥有这张王牌，相对会用语言沟通的人，机会是均等的，机会也是公平的。是否能运用得体，完全取决于沟通的智慧和胆识。职场沟通更多的是强调工具和技巧，在接下来的两个小节里，我们重点阐述职场里同形形色色的人进行有效沟通的工具和方法。

第二节 运用沟通王牌，职场左右逢源

中国清朝古币的形状大家应该都有印象，是外圆内方，而在中国古人的意识里，天是圆的地是方的。在沟通学与管理学里，方讲的是原则和底线，圆讲的是变通。职场里的变通能力，是巩固职场地位的基础，同时也是职场不可缺少的元素之一。在职场里，作为管理者，我们经常可以看到一种现象，下级的不配合、上级的不支持、部门会议上的相互推诿甚至激烈争吵比比皆是。

但是如何在职场里掌握变通的艺术，如何处理好同上级、下级、同事之间的关系？如何处理部门与部门之间的关系？这些都是职场人士必须学习和掌握的。

如何同下属沟通

首先我们先谈谈如何同我们的下属沟通。下属是完成部门目标的关键，沟通的过程中，无论是什么样的角色都可以充分运用前面四色性格模式，用对方能够接受的方式沟通。让我们先来分析一个常规案例。

你的一名女下属工作热情，工作效率一直都很高，每次都能圆满完成任务，你对她的工作十分放心，不必予以监督。最近你给她分配了一项新工作，认为她完全有能力胜任这项工作。但是，她的工作情况却令你失望，而且还经常请病假，占用了很多时间，你怎么办？

这个案例看起来真的很简单，常规的处理方法是：

（1）明确告诉她去做什么，并密切注视她的工作；

（2）告诉她去做什么、怎样做，并设法查明她的问题出在哪里；

（3）主动和下属沟通，安慰她，帮她解决问题；

（4）让她自己找出应付新工作的方法。

这样的回答从表面上看是没有错的，但是，这个问题其实是个“陷阱题”。最大的陷阱是中层管理者总是用非常常规的眼光去看待下属，这个案例真正的另外一层含义就是判断中层管理者是否犯了严重的“本位主义”。当一个员工或下属出了问题的时候，作为管理者就很自然地从这个下属身上找问题，却不在自己身上去找原因。一个下属如果对你的管理或者诚信已经产生了危机，请问这个时候，你能在他那里找到问题的真正原因吗？所以我经常说：下属出了问题一定是管理者的问题，当管理者出现问题的时候一定是公司或老板出了问题。因此，就这个案例，管理者本身应该首先在自己身上找问题，其次通过其他渠道来探究下属出现问题的真正原因，总是用“我会帮助他”或者“我会和他沟通”的说法是很单一的。一个真正的管理者在任何时候都要在自己身上多找找原因和问题，把自己的本位思想放一放。而且同下属的沟通不是等到他有问题了才想起来沟通，只有日积月累不懈的沟通，才能真正从心里和下属建立良好信任的沟通渠道。

通过上面这个案例，我们必须清楚，下属出了问题首先是管理者本身出现了问题，同下属的沟通要把握以下几个原则：

（1）布置任务的内容要具体到5W2H。

什么是5W2H：WHAT——什么事？要做什么？WHO——由谁来执行？谁来负责？WHEN——什么时候开始？什么时候结束？什么时候检查？WHERE——在哪里干？哪里开始？哪里结束？WHY——这样干的必要性是什么？有没有更好的办法？告诉下属事情的重要性可以使他更负责任！HOW——怎么做？有时候，如果是新任务或是新下属，他可能还不知道该怎么干，您还要告诉他程序和方法，以保证一般情况下他能独立完成，不要让他像“癞蛤蟆”，戳一下跳一下，或者边干边请示，那样效率就很低了。HOW MUCH——做多少？做到什么程度为好？有时你也要告诉下属，做少了不利于任务的完成，做多了又浪费。

（2）首先肯定下属的用心与工作投入，让下属认为自己很重要。

（3）将任务之背景，必要性一次说明，把工作任务的重要性对下属作具体说明。

（4）激发下属工作的动机。

（5）描述任务完成对公司之价值与个人之好处，增强行动“决心”。

（6）任务中设置中间检核点（CHECK POINTS）。

（7）鼓励下属主动报告的习惯，特别要注意时效并事前预警。

（8）提示下属工作过程中会加以指导协助。

（9）倾听下属对任务的看法，有什么疑问，共同面对。

（10）应变式提问，鼓励下属思考可能的变化及对策。

准确来说同下属沟通，首先还是要取决于有效的授权。适当的告诫和反馈是维持良好沟通的工具。有一种现象就是，中层管理者在日常的管理工作中，经常会把下属的工作揽过来自己做，使自己的工作越来越累，而且效率也不高，让人伤心的是自己不知道为什么这么忙，更让人伤心的是自己愿意整天忙个不停，并且乐此不疲。

要改变这种状况，管理者要改变两个方面，一个方面是观念的改变，一个是沟通方式的改变。观念的改变，是作为部门的管理者，在管理方面你的重点是让你的部门更加的高效，不是你的效率越来越高而部门的效率越来越低，你越来越忙而你的下属越来越轻松。另一个方面改变就是沟通方式的改变，也是我们本节重点讲的内容。

在给下属安排任务的时候，在沟通方面要在两个方面做工作，一个是要对你要的结果描述得很清楚，重要的事情要让下属进行复述，看他有没有领会到你的真正意图，不要老是出现你说的和下属做的不一致造成时间的浪费，到最后造成还不如自己做省心的结果。另一个方面是对安排的工作要进行检查，检查沟通的作用一个是督促，一个是发现问题及时调整。在下属请示的时候，要让他们把方案带过来，员工在请示的时候经常会说："经理你看这个事情怎办啊？那个事情怎么办啊？"这些问题只要回答，就掉入员工给你挖下的陷阱。第一是把下属的工作放到自己身上，增加自己工作压力，第二是可能会吃力不讨好，因为如果他做得好他就会说："是我努力的结果。"如果做不好，他就会说："这是你说的，这事不能怪我。"到时候你的威望就会越来越低。那遇到这样的问题，不能回答要反问："你觉得怎么做呢？你这边有没有更好的办法？你觉得应不应该做呢？"针对这样的问题李嘉诚是这样说的："当你的下属带着问题来找你的时候，请他同时把问题的答案也带来，并告诉你哪一种是最好的。"因为下属之所以成为下属，是他还没有相应的高度，其能力还不足，作为中层管理者要多理解和引导，而不是代其执行。通常在给下属下达指令的时候，要因人而异。下属有可能出现的抗拒因素具体表现在：工作负荷重，不愿承担；认为工作没有重要性；缺乏经验，信心不足；担心自己能力不足；与其他同事比较，心理不平衡；等等。

因此，下属需要关心，中层管理者就要主动询问、问候，了解需求与困难。

下属需要支持，中层管理者就要主动帮助解决问题，给予认可、信任，给予精神、物质帮助。

下属需要指导，中层管理者就要善于诱导、反馈、考核、在职辅导、培训。

下属需要理解，中层管理者就要倾听，让下属倾诉。

下属需要得到明确指令，中层管理者就要有清楚的指令、不多头领导、健全沟通渠道。

下属需要及时的反馈，中层管理者就要定期给下属工作上的反馈。

下属需要配合与协调，中层管理者就要沟通、协调，解决冲突。

总之和下属的沟通要充分、要及时，要有质量更要有效率！别不把下属当回事，忽略了沟通就等于忽略了管理。切记沟通的过程中，不要太本位主义，中国人喜欢平等，喜欢被尊重。经常看到有些领导，摆着手让下属到自己办公室同其沟通。在国外，手心向下招呼，通常都是招呼“狗”的动作。即使下属从你办公室出来了，心里也在骂娘。怪谁？谁让你不尊重他了呢？把他当狗一样召唤他能舒服吗？我讲课的时候经常要学员模拟作为上司，看他是如何通过电话或现场招呼下属到办公室的。看到一个普遍现象，学员都是用自己当上司的口吻、语气、语调或肢体语言完成这个模拟活动的。因此在职场里，就会经常出现下属的反感和不配合。中国人要面子，中国人喜欢对等沟通，我经常提醒学员们，只要多用两个字就解决了所有的问题，哪两个字？就是“商量”。你要是在和下属沟通的过程中经常带上这两个字，保证效果奇佳！你如果电话告诉你的下属说：×××有时间吗？方便的话，到我的办公室，我有事情和你商量商量。你再想想此刻下属的心里会多么爽，因为你让他感到他自己重要。什么事情，上司都和自己商量，请问还有什么事情做不好的。对下属沟通要讲究技巧和方法，更重要的是心态要积极，行为要低调，因为主动权通常掌握在你的手里。最后总结如下：多说小话，少说大话；不急着说，先听听看；不说长短，免伤和气；广开言路，接纳意见；下属有错，私下规劝；态度和蔼，语气亲切；若有过失，过后熄灭。

如何跟上司沟通

那么接下来咱再换换角色，如何同上司沟通呢？常言道：伴君如伴虎！在一家公司里面，你搞定一堆的下属，只要没有搞定你的上司，你仍然是失败的。你不能有效地赢得上司对你的支持和帮助，管理过程中出了任何问题，解决的时效都会受到影响。更多的时候是你出力不讨好。那么如何才能让上司在任何时候都支持你、信任你呢？首先要了解上司的意图。很多管理者不能真正了解上司的意图，为自己带来了很多的麻烦和负面的影响。为什么不能了解上司的意图？

（1）缺乏换位思考的习惯，没有真正意义上了解领导的立场。在国有企业里有一种现象最怕，那就是跟错人或站错队伍。通常有些领导，调任到其他岗位，为什么都会带上自己最亲近的人？真正的原因就是带去的下属真正意义上能站在领导的角度去换位思考，且能了解上司的立场。

（2）缺乏观察体会的意识，不了解领导的思路。作为下属任何时候都要和领导的思路同步。好的下属，即使领导只说七分话，也能明白领导的真正意图。

（3）缺乏委婉的提问技巧，因为是领导，所以很多不明白、不理解的也不敢问，不好问。这样容易造成执行偏差太大。

（4）缺乏沟通表达技巧。有变化时，更加欠缺紧密沟通。

（5）缺乏反馈，不将自己的观念反馈给领导。没有做到真正意义上的交流和沟通，什么都藏在心里，让上司来猜自己的想法。没有把内心自己的真实想法和观念做到及时分享。

（6）与领导的思维不能同步。通常领导的思维都是跳跃型的，且以结果为导向。

（7）信息不对称，知识与背景有落差等因素。

上司毕竟是上司，同他的沟通，在任何时候都要切记，他也许是掌管着你饭碗和前程的人，所以永远都不要低估你的上司。任何的存在都是合理的，即使你在某些方面比他强，也千万不要表现出你的不满和不恭！既然是你的上司你就要去领悟他的意图，同时和他的沟通要把握以下方面：

（1）内容重点化。别啰嗦了半天，不知所云。

（2）针对领导需求或担心来表达。

（3）要学会换位思考，了解领导思维。

（4）描述问题事实运用5W2H。

（5）采用三段式问题解决说话术。

（6）关注领导心中目标之优先性。

（7）用领导能接受的方式来说话。

（8）对领导关注的问题，予以针对性说明。

（9）察言观色，了解领导的EQ。

（10）选择合适的沟通途径与工具。

（11）使用成果语言来表达。

（12）对领导的指示予以要点式复诵。

（13）与领导意见不合，不当场反对。

（14）委婉表达与领导不同意见，但心存领导。

（15）常用我们，少用你我。

（16）全位思考，站在公司整体利益来说。

同上司的沟通，尊重但不要畏惧。上司也是平凡人，只要了解你的上司的风格，让他依照他的行事方式发挥，你配合好就已经赢得了相当大的信任。

上司需要下属支持，中层管理人员就尽职尽责，尤其在上司弱处给予支持。

上司需要下属执行指令，中层管理人员就承诺、聆听、询问、响应。

上司需要了解下属情况，中层管理人员就定期工作汇报，自我严格管理。

上司需要下属为领导分忧，中层管理人员就理解上司、敢挑重担、提出建议。

上司需要下属提供信息，中层管理人员就要及时给予反馈、工作汇报、沟通信息。

同上级的沟通与交流，任何时候都要把握好自己的角色，上司通常都是要面子的。说出去的话，泼出去的水，有了错也要硬撑着。要换位思考，不要让上司没有面子。我这些年做烟草局的项目很多，自然同局里的领导接触也非常的多，和他们的领导经常同车同路，也经常被司机接来送往。我发现他们的司机一般情况下是不说话的，说话的时候也非常地有分寸。有一天烟草局的一个司机接我去做项目，我发现他车中间的后视镜是朝天的，等于是没有用途的。因为车的后视镜是可以看到坐在后排的人，我就问这个司机：为什么你们车里面的这个镜子都是朝上的？他笑着说：领导在后面坐，镜子对着他们不合适。这就是换位思考，站在领导的角度上考虑问题，那是一种细心、贴心和理解。

如何和同事沟通

在职场里同事之间的沟通也非常的重要。做到部门负责人的时候，我们会发现一个现象，就是在一家公司里，如果两个部门的经理不和，那么他们下属之间也像苦大仇深般对立。我们总是认为客户很重要，但是我们更要知道，什么是外部客户关系？什么是内部客户关系？其实企业是一个供应链，每一个环节都是至关重要的。你的上一个环节是你的客户，你的下一个环节仍然是你的客户，彼此有一定的依存关系或流程的上下游关系，只有环环相扣，才能发挥企业各个部门的最大优势，因此部门的平等沟通就是核心的内部客户沟通。俗语说：一个好汉三个帮。咱们中国的老百姓一向普遍认同“在家靠父母，出门靠朋友”、“朋友多了路好走，多个朋友多条路”的处世原则。其实同事就是朋友的代名词。为什么？因为职场里大部分时间都跟同事在一起，没有多少机会跟同事以外的人结交朋友。如果不跟身边的同事做朋友，烦恼就不能及时倾诉，压力就不能及时排解。烦恼和压力日复一日地郁结于心，对身心健康都极为不利。实际上，只要用以真心换真心的方式与之相处，是能够成为朋友的。当然，同事朋友毕竟是特定环境下的朋友，与普通意义上的朋友有所不同。跟普通朋友相比，同事朋友之间往往存在既合作又竞争的关系，很多时候还会出现利益冲突。因此，处理好与同事朋友之间的关系，更需要一定的技巧。

与同事沟通，其一，容忍差异，多站在对方的角度去思考，要有奉献精神，考虑自己能为公司，能为其他部门作什么贡献。

其二，克服傲慢。不要希望其他人、其他部门都成为你所从事的领域的专家，更不要因此而轻视他们。

其三，要树立内部服务观念。你的内部顾客对你满意不满意会通过各种方式传达给你的外部顾客。

其四，了解对方需要你做什么；告诉对方你的需求时，使用对方能够理解的“语言”。彼此相互尊重，先从自己做起，平等互惠，不让对方吃亏，如有误会，诚心化解障碍。

既然是在职场，和同事之间的沟通相处就要从公司整体利益来进行协调。大家都是同事，也都是为了公司和工作，切不可发生太多的正面冲突。千万别犯傻，因为不值！要站在更高层次的立场思考，让双方充分表达看法与事实，寻找双赢的解决方案。遇到问题别相互推诿，双方必须都站在共同负责的立场去发现解决问题。以下介绍一些和同事相处的原则供参考：

（1）无论发生什么事情，都要先从自己身上找问题，因为一个巴掌是拍不响的，自己肯定也有问题，如果自己没问题（那是不可能的），那么就站在对方的角度，体验一下对方的感觉。

（2）要大方一点。不会大方就学大方一点。如果大方真的会让你很心疼，那你就假装大方。

（3）要低调一点，再低调一点。越低调，同事越能接纳你。

（4）嘴巴要甜，要笑口常开，平常不要吝惜你的喝彩声，要学会夸奖人。夸奖，会让人产生愉悦感。

（5）要彬彬有礼，让人觉得你有涵养，好相处。

（6）少说多做。言多必失，人多的场合尽可能多听少说。

（7）不要把别人的好，视为理所当然，要常怀感恩之心。

（8）要守约，要遵守时间，但不要期望别人也遵守时间。

（9）信守诺言，但不要轻易许诺，更不要把同事对你的承诺一直记在心上，并信以为真。

（10）不要向同事借钱，如果借了，那么一定要准时还。

（11）不要借钱给同事，如果不得不借，那么就当送给他好了。

（12）在一个同事的后面不要说另一个同事的坏话。要坚持在背后说别人好话，别担心这好话传不到当事人耳朵里。如果有人在你面前说某人坏话时，你要微笑。

（13）不要推脱责任，即使是别人的责任，偶尔承担一次也不会死啊。

（14）经常帮助别人，但是不能让被帮的人觉得理所应当。避免和同事公开对立，包括公开提出反对意见，激烈的更不可取。

（15）对事不对人；或对事无情，对人要有情；或做人第一，做事其次。

（16）要有一颗平常心。好事要往坏处想，坏事要往好处想。

总之和上司也罢、下属也罢、同事也罢，在职场里完全避免冲突是不可能的，但是别忘了做个谦谦君子是很重要的。你树敌越多，你的烦恼也越多，你得罪的人越多，你职场的路就越走越难！与人为善，等于是与己为善。要活在当下，要学会舍得，别搬起石头总砸自己的脚。响鼓不用重锤敲，要会说话，说好话，在职场里你才能顺风顺水……

第三节　金口玉言，所向披靡

一个会说话的人听说可以把死人说活，可能这话有点夸张，但是语言的魅力是毋容置疑的。没听说过想自杀的人，做了心理咨询后又对生活充满阳光了吗？假如当年张国荣跳楼的瞬间有张能把死人说活的嘴巴，相信就是另外一种结局了。

小时候，我邻居的父母总是打架，但是也总平息得很快。那时候家里都非常的穷，女主人就是说：跟了你这么多年，我得到什么了，啊！和你结婚的时候你穷得什么都没有，家里的被子是我的，家具是我的，什么都是我的……男主人笑了，说：没错，什么都是你的，我知道我穷，家里的东西确实也都是你的，但是你是我的，连你都是我的，家里的东西是谁的？搞得女主人哑口无言……这是黑色幽默，也是沟通艺术！

幽默用语通常也是中止争执的最佳工具。无论职场还是现实的生活中，学会见人能说人话，见鬼能说鬼话，可不是这么容易的。人与人之间，沟通的最高境界就是达到“契合”，据《辞海》解释，契合就是意气相合之意。在职场里和上司、同事、下属达到契合很不容易，在生活中和朋友包括自己的爱人达到契合也很不容易。职场里相互拆台，相互推诿责任，相互攻击，相互猜忌比比皆是。在生活中同床异梦的也不少见。为什么职场里的纷争不断？为什么生活中离婚的夫妻越来越多？你想想一个组织里有一个经理再配两个副经理，他们之间会不会有矛盾？一个家庭，到了深夜男的梦中喊着阿丽、阿娇、小霞的名字，而老婆又在梦中喊着阿明、阿辉、阿军的名字，多恐怖、多瘆人，不离婚才见鬼了。这都是因为彼此缺乏契合造成的结果。

有个真实的故事：在美国有一对夫妻在结婚六十周年纪念日的这天，双方决定送一份最好的礼物给自己的老伴。到了那天晚上，两个人像当年结婚的时候一样把房间布置得很有气氛，当音乐响起，两个老人从不同的房间走出来，各自拿出自己为心爱的老伴准备的结婚纪念品，但彼此拿出来的瞬间，两位老人都哭了，流下了无名的泪水。为什么？原来，老爷子想到自己老伴风雨几十年挺不容易的，不老的是老太太一头金色的头发依然亮丽，决心给老伴买个金色的发簪。而老太太想，老伴一生除了对自己恩爱有加，他还钟爱的就是那副陪了他几十年的金表。为了让老人欣慰，于是就为金表配了副金表链。当彼此掏出精心为对方准备的礼品时，两个人才发现六十年的风雨岁月彼此都没有达到契合。因为老爷子为了给老伴买金簪卖掉了金表，而老太太因为买金表链卖掉了一头的金发……

其实人与人之间因为性格、经历、价值观及学历的不同，都会有一定的差异，差异太多，必然造成冲突。人与人之间有差异是正常的，但是追求和谐，就别只看差异之处。如果你想沟通顺利，你想与对方达到契合，就别只从自己的角度去考虑。要想与人沟通达到契合，就要做一个弹性的沟通者，弹性的沟通者能充分尊重别人的看法，适度且不断地改变自己的观点，以至达到目标，一流的沟通者都像一位太极高手。你语言表达的弹性越大，可选择的机会就越多，可发展的空间就越广，而成功便接踵而至，指日可待。如何让自己和对方达到契合，增强彼此契合的力量呢？

首先同意对方的说辞远比制服对方的说辞更具说服力。我们的行为模式并非牢固得不可更改。

沟通大师富兰克林就避免抗拒的沟通技巧说过："寻找推动任何可能引起争论的事情时，我总是以最温和的方式表达自己的观点，从来不使用绝对确定或不容许怀疑的字眼，而代之以下列说法：据我了解，事情是这样子；如果我没有记错，我想事情是这样；我猜想事情是不是该这样；就我看来，事情是不是该如此。像这样对自己看法没多大把握的表达习惯，多年来使我推动许多棘手的问题一帆风顺。"

其次是将“但是”换成“也”，比如，“你说得很有道理，但是……”这样一说，人家就会觉得你是指对方说得没道理。若把“但是”换成“也”，就可以这么说：“您说得有道理，我这里也有一个蛮好的主意，不妨我们再议一议，如何？”

这就是谈话术中的“合一架构”：

“我感谢你的意见，同时也……”

“我尊重你的看法，同时也……”

“我同意你的观点，同时也……”

“我尊重你的意图，同时也……”

表达了三层意思：

——表明你能站在对方的立场看问题，易达契合。

——表明你正在建立一个合作的架构。

——为自己的看法另开一条不会遭到抗拒的途径。

“合一架构”顾名思义就是合二为一的意思，处处站在对方的角度去思考问题或发表言论，这是契合的基本表现，也是交流与沟通达到契合的基础。具备了契合的能力，就拥有了沟通的金钥匙。从历史到今天，我们身边有无数能达到契合的高人，例如，凭借三寸不烂之舌施展合纵、连横之术的苏秦与张仪，舌战群儒以促孙刘联盟、打赢赤壁之战的诸葛亮，铁齿铜牙的纪晓岚，还有开国外交第一人的周恩来等等。他们或吐纳珠玉之声，或舒风云之色，或谈笑间逢凶化吉，他们的沟通艺术与水平已经到了炉火纯青的地步。他们掌握了巧妙同别人沟通的方法，他们在任何时候都深谙沟通的艺术。那么如何巧妙地说话和影响别人，拥有高超的沟通水平和能力呢？

1. 如何巧妙地影响别人

要想影响别人首先要能影响自己，要想感染别人首先要感染自己。要投入情绪和感觉，要站在对方的角度说他想听的东西，对方就能接纳并感动。了解对方所想的方法就是要多询问，多观察，多聆听，加上自己不懈的努力，就能巧妙地影响别人。

2. 如何巧妙地说服别人

不要直接阐述，而是引用他人的话，让别人来替你说话。即使那些人并不在场，要学会通过第三者的嘴去讲话。说服别人不是件容易的事情，要表现出十足的真诚，说服一个人要从多角度多方位去考虑。

3. 如何巧妙地使别人作决定

想让对方作决定，首先给对方同意你的理由，而且要非常的充分，且对当事人有百利而无一害。尽可能问只能用“对”来回答的问题或者让对方在两个“好”中选择其一。

4. 如何巧妙地令别人觉得重要

多使用尊重的字眼“您”或“您的”，赞许的表情，肯定的回应。你是否尊重对方，从你的聆听和交流过程中对方的反应非常的重要。从心态上你看重和对方的沟通，你的表现形式就显得很认真，对方能感受到你的重视程度。

5. 如何巧妙地调动别人的情绪

在最开始，你双眼接触的瞬间，在你开口说话之前，在你打破沉默之前，请露出你亲切的笑容，你可以眉飞色舞，也可以故作深沉。要笑得爽朗，说得坦诚。通过沟通，要努力观察对方对什么样的语言最关注，通过对方表情的呈现方式，调整到使对方喜欢的内容上，以此调动对方的情绪。

6. 如何巧妙地赞美别人

没有人不愿意听到赞美之词。只要是人，就喜欢被别人承认和赞美，但是赞美要有度，你十句话有七句是赞美之词的时候就会令对方不舒服。况且赞美是对方一定要有你赞美的优点，你的赞美才有意义。你见个清洁工，你说：你真是个成功人士，你的事业太伟大了。对方一定认为你昨天晚上喝多了，把脑子喝糊涂了。见着年轻的要赞她漂亮，见着年老的人要赞美深沉。总之赞美不要让对方感觉你在拍马屁，既失去了尊严又让对方反感。赞美是得到别人认可和信任的基石。要经常尝试着赞美，相信有一天，你身边的人脉关系会无比强大。

7. 如何巧妙地批评别人

没有人愿意被别人批评，即使你和他的关系非常的不一般，不到万不得已不说批评的话。批评前要准备好批评的每一个环节。中国人很好面子，无论如何，批评都必须在单独相处时提出，批评之前必须略微地给予赞扬和恭维。批评时，不要完全针对性地批评对方，不要针对人，而只是批评某种行为。批评是为了给到对方一个好的结果，准确地说是变相地提供答案，而不是命令。批评也要留给对方有解释的空间，千万别不分青红皂白地乱发一顿脾气就算了事。批评结束时要以友好的方式结束批评，否则后果一定比你批评前更糟糕。

8. 如何巧妙地给别人留下良好印象

每个人都有自己性格的优势，想给别人留下良好的印象，沟通过程中要充分表现自己的真诚和热情。不要涉及格调不高的谈话，言语之间不要过分急躁，不要通过贬低别人抬高自己。不要打击任何人、任何事。还有一点就是你的仪态与仪表很重要。别脏兮兮几天没洗澡没换衣服，散发着让人眩晕的气味，还说是男人味，这在公众和沟通场合，只会让人敬而远之。

9. 如何巧妙地发言

巧妙的发言首先要明白自己所说的内容，其次再加些调侃或黑色幽默的字眼，来引起人们的注意，但是说完该说的，就停止。千万别说得如大江流水，滔滔不绝，下面都已经听得哈欠满天，有的都已经在睡梦中流着口水，你依然还在唾沫横飞。巧妙发言时，一定要注意着听众的感觉和表情，发现听众不感兴趣的时候，试图添加一些听众感兴趣的话题。

10. 如何巧妙地赞同别人

赞同是一门艺术。赞同是同意或认可对方的观点，既然认可或赞同就一定要说出来，让对方明白你是同道中人。当你不赞同时，千万不要告诉对方，除非万不得已，即使告诉也要注意策略和方法，正确处理不同的意见。当自己犯错时，要勇于承认。人们喜欢赞同他们的人，人们不喜欢反对他们的人，人们不喜欢被反对，这是人性。

总之职场里的沟通无比重要。都说“沉默是金”，我的观点是该说的一定要说，而且要说得到位、说得好、说得妙。不该说的千万别说，别让自己的嘴巴害了自己。

中国外交第一人的周恩来先生是一位典型的沟通大师，在这里不妨分享几个他的例子：

一位西方记者问周总理：“请问总理先生，现在的中国有没有妓女？”不少人纳闷：怎么提这种问题？大家都在关注周总理怎样回答。周总理肯定地说：“有！”全场哗然，议论纷纷。周总理看出了大家的疑惑，补充说了一句：“中国的妓女在我国台湾省。”顿时掌声雷动。

——这位记者的提问是非常阴毒的，他设计了一个圈套给周总理钻。新中国成立以后关闭了内地所有的妓院，原来的妓女经过改造都已经成为自食其力的劳动者。这位记者问“中国有没有妓女”这个问题，他设想周恩来一定会说“没有”。一旦真的这样回答了，就中了他的圈套，他会紧接着说“台湾有妓女”，这个时候你就不知怎么回答了。这个提问的阴毒就在这里。当然周总理一眼就看穿了他的伎俩，这样的回答既识破了他分裂中国领土的险恶用心，也反衬出大陆良好的社会风气。周总理考虑问题周密细致，同时又那么快速反应，你不佩服他也难啊！

外国记者不怀好意地问周恩来总理：“在你们中国，明明是人走的路，为什么却要叫‘马路’呢？”周总理不假思索地答道：“我们走的是马克思主义道路，简称马路。”

——这位记者的用意是把中国人比作牛马，和牲口走一样的路。如果你真的从“马路”这种叫法的来源去回答他，即使正确也是没有什么意义的。周总理把“马路”的“马”解释成马克思主义，恐怕是这位记者始料不及的。

美国代表团访华时，曾有一名官员当着周总理的面说：“中国人很喜欢低着头走路，而我们美国人却总是抬着头走路。”此语一出，话惊四座。周总理不慌不忙，脸带微笑地说：“这并不奇怪。因为我们中国人喜欢走上坡路，而你们美国人喜欢走下坡路。”

——美国官员的话里显然包含着对中国人的极大侮辱。在场的中国工作人员都十分气愤，但囿于外交场合难以强烈斥责对方的无礼。如果忍气吞声，听任对方的羞辱，那么国威何在？周总理的回答让美国人领教了什么叫做柔中带刚，最终尴尬、窘迫的是美国人自己。

一位美国记者在采访周总理的过程中，无意中看到总理桌子上有一支美国产的派克钢笔。那记者便以带有几分讥讽的口吻问道：“请问总理阁下，你们堂堂的中国人，为什么还要用我们美国产的钢笔呢？”周总理听后，风趣地说：“谈起这支钢笔，说来话长，这是一位朝鲜朋友的抗美战利品，作为礼物赠送给我的。我无功不受禄，就拒收。朝鲜朋友说，留下做个纪念吧。我觉得有意义，就留下了这支贵国的钢笔。”美国记者一听，顿时哑口无言。

一个管理者，良好的沟通水平是良好管理水平的基础。连话都说不好的管理者，试问，他在公司有多大的影响力和号召力？最后，我们用一首《职场金言》结束本章节：

职场金言

少说抱怨的话；多说宽容的话。

抱怨带来嫉恨；宽容乃是智者。

少说讽刺的话；多说尊重的话。

讽刺表示轻视；尊重增加了解。

少说拒绝的话；多说关怀的话。

拒绝形成对立；关怀促进友谊。

少说命令的话；多说商量的话。

命令强迫接受；商量彰显领导。

少说批评的话；多说鼓励的话。

批评招来阻力；鼓励产生助力。

第七步　搞定办公室政治

经常听到有人说，要爱厂如家，爱司如家。我不同意这个观点。在家里你可以睡着、躺着、趴着、坐着、站着，随心所欲，但职场不同，职场有职场的规矩，职场有职场的操守。因此职场不是自己家，可千万别以为可以为所欲为。职场要的是效益，要的是回报，作为职业人，没有几套拳脚的真功夫，说不定哪天就给别人废了。

职场是个组织，是由团队共同组建的集体，我们都知道，有人的地方就会有矛盾，有矛盾的地方就会有斗争，有斗争的地方就会狭路相逢勇者胜。许多人一听到职场斗争，第一个反应就是避而远之，不愿卷入办公室的尔虞我诈里。遗憾的是，那些想要明哲保身，图个耳根清净的上班族，最后还是没有脱离是非圈，甚至可能连工作都莫名其妙地丢了。当然笔者的意思并不是要教你狡诈，而是教你看清世事，认清人性，让你在职场中能更好地保护自己。

职场里会陷你于不义的有三种人，一是老板，二是同事，三是下属。中国有句成语——“芳兰当户，不得不锄”。在职场中，同样存在着这样的一个道理，跟老板穿一条裤子打天下的职业经理人，为公司立下汗马功劳，最后还落得个悲惨的下场。首先在很多老板的眼中，职业经理人是他的工具，那工具对他有利时，他会重用；无利时，他就要除去。不要以为，你给老板打拼多年，无功也有劳，他会一直善待你的。如果你自认成了“芳兰”，那么你就要懂得先下手为强的道理，在老板还来不及废你之前，就做好万全的准备，使自己不至于落入他的陷阱当中。

在平级同事中，通常君子是害不了你的，就怕每天对你满脸堆笑，净在后面琢磨你的小人，每天给你制造些小麻烦，搞得你哑巴吃黄连——有苦说不出。下属主要表现在对你工作的不支持、不配合、不认同，更甚者还有对你下毒手的危险。因为管理本身就有危险，新闻报道里经常有员工杀人力资源经理的恶性事件发生，这都要引起我们职业经理人及管理者的高度重视啊。小心方可驶得万年船。职场里的纷争是没有硝烟的战斗，要想在职场里平步青云，要想稳坐钓鱼台，你要睿智而不是聪明。中国不缺聪明的人，职场也不缺聪明的人，大千世界只缺睿智的人。

现在在职场里经常看到的现象就是老板经常“空降”高管到企业 。到新的企业，高管容易不服水土，原因不是他们没有能力和专业水平，也不是他们没有智慧，准确地说是组织的排他性或者说是文化的兼容性不够。老板请空降兵本意是好的，同时对空降兵的期望也是很大的，但老板根本没有考虑到组织其他成员是否接纳新的领导和干部。再者老板总会认为自己花了重金请了只“金鸡”回来，马上就能下蛋才是“好鸡”，对空降的职业经理人的期望值膨胀到极点，总是用审视的目光关注着职业经理人。因此新老员工之间的矛盾升级。升级的原因是空降兵的工资高了、职位高了，等等。内部的打压、排斥，造成职业经理人高处不胜寒！因此空降兵把吃奶的力气都用上了，还落不上好，最后几个月下来，职业经理人心力交悴，草草收兵。

第一节　风云突起，谁主沉浮

职场里时有风云突变。每个职业经理人或者高管，到了一定的职位都有一种高处不胜寒的感觉。在国有企业里面更是如履薄冰，时时提防小人暗算。在私营企业里又举步维艰，相互牵制不说，还要担心和老板产生信任危机，随时都有被“废掉”的可能，导致职场里人与人之间的权位之争或者矛盾。这一般体现在以下几种情况：

（1）造成职场风云变化、硝烟弥漫的，可能就是老板，企业的内部问题绝大部分因素都是和企业老板有着直接的关系。很多企业老板一边强调团队建设，一边又人为地打乱这种建设。说直白一点，老板希望下属团结，又怕下属太团结。作为老板，原本就是玩平衡术的，人为地希望下属之间有斗争。太有能力的人才如果驾驭不了，就千方百计物色能牵制其的对立者。看到和睦相处的下属经常在一起，总以为在算计公司，算计自己。

（2）高管刚刚离职或调任，位置空缺，然后有两个或多个旗鼓相当的

"候选人"竞争，或者这些候选人都有一定的"背景"，谁也不服谁，大家开始暗自争夺或干脆成立"帮派"。

（3）正职不太能干而副职非常能干，能力的对比和职权的对比不协调。正职只能用权力来打压副职或者干脆就"睁一只眼闭一只眼"，就算是"绥靖"也心有不甘，总想排挤副职。

（4）多头管理。一家公司几个股东都占领企业要职，都有发言权，但观点却又完全不同，而且谁也影响不了谁。指令随心所欲，令职业经理人或其他高管无所适从。

（5）经理人或高管之间表面和谐，实际上他们暗地里却互相拆台，处处挖坑掘井。

（6）部门与部门之间钩心斗角，为了赢得在企业或公司的地位、地盘或者是利益，争风吃醋，遇到问题推脱责任，明争暗斗，等等。

职场里的纷争与矛盾数不胜数。每个在职场做到高层的人士或多或少都经历过类似以上的问题。该如何抗御这种纷争？该怎样才能让自己化险为夷？

我曾经有被一家猎头公司空降到一家企业的经历，去了之后，公司九个经理有七个反对我，孤立我，搞得我很寒心。因为这九个经理最少的都跟了老板五年之久，我是刚去的，他们根本就不把我放在眼里。作为刚到公司的我，需要向他们了解公司的状况，他们说忙，没有时间。有时候加班晚了，让饭堂不要留饭给我。只要我说东就一定有人说西，只要我说南，就一定有人说北。即使是显而易见的问题，哪怕是对的，也一定有人和你唱反调。我总结了问题的根源，是他们的心态出了问题，当时的老板还是支持我的。好几个夜晚我在想，站在公司的角度，真的很想把事情做好，站在个人的角度上想，真想一走了之，受这么多的窝囊气，何必呢？此处不留爷，自有留爷处。可是真到下决心想走的时候，另一个声音告诉我：就这么走吗？甘心吗？你的志气和骨气哪里去了？是不是没有能力被赶走的啊？想到这便否定了离开公司的所有理由。一待就是三年，三年时间相当于打了一场解放战争，三年时间赢得了全公司和客户的信任。三年时间，通过我空降了五位高级职业经理……回想那段岁月，虽然当时真的很难过，现在想想也是一种财富啊！

职场矛盾是正常现象。害人之心不可有，防人之心不可无。孔子曰："君子和而不同，小人同而不和。"职场上的人毕竟都来自五湖四海，脾气不同、爱好各异，对人对事的看法不会总是一致，在讨论问题时有不同看法是正常的。很多人喜欢表面一团和气但背地里搞阴谋诡计。会上不说，会后乱说，当面奉承，暗地拆台的人，就是看上去追求不争而背后热衷乱斗的人。职场里真正的君子是争观点、斗智慧，而不是争利益、斗心眼。职场里切记，遇到矛盾切忌撕破脸。职场中人低头不见抬头见，如果因为工作伤了和气，你看我不顺眼，我瞅你不舒服，那就无法共事了。有这样一句话："君子无所争，必也射乎！揖让而升，下而饮。其争也君子。"就是说，如果在职场中由于认识不一致、观点不一样而引发的争论是不可避免的，那也要讲求适度，合乎礼仪。争论当中只能论事，不能谋人。并且，争论要局限于某一特定场合、特定范围，做到会议上争，私底下和。事理上争，人性上和。而不能因事伤人，搞得彼此都不愉快。毕竟都是成年人，任何时候在职场都不能和任何人僵化到撕破脸皮的地步。

化解矛盾要讲技巧。在职场里做到职业经理人或高管就已经有一定的造诣，有矛盾不可怕，可怕的是不会处理和化解矛盾。要想让别人接受自己的观点，必须首先与人为善并取得别人的信任，让别人认为你这样做是为了共同的利益。如果别人不信任你，总以为你的做法是在毁谤他，体现的都是自己的小聪明，那你就永远把自己放在了他的对立面。职场中除了矛盾四起，同时也会受到各种约束，而且处处都充满了不公平现象。比如上班迟到老板会扣你工资，但你加班的时候却从来没有拿过加班工资。这是最常见的一种现象，其他不公平的现象也比比皆是，相信职业经理人都深有体会。

在这个世界上，不要奢求公平。那只是一种乌托邦式的理想，从来都不存在于现实社会中。员工和老板之间的关系，就好像是一场游戏。是游戏就会有游戏规则，否则，游戏就玩不下去。但是，游戏规则是谁制定的呢？当然是老板，各种利益也偏向老板！身在职场的职业经理人，可能从来都看不惯这种现象，但你一定要学会慢慢接受这种游戏规则。不要试图改变这种规则，因为在老板面前，你没有太多的话语权。说得再难听些，你只是一个打工的，混口饭吃，给你吃就不错了，还嫌饭凉？如果不想做，可以离开。很多老板认为：中国什么都缺，就是不缺人。记住一句话："如果你不是游戏规则的制定者，你的选择只有两条：要么屈从，要么离开！"

如果你还得在你目前服务的企业干下去，面对职场矛盾或不平时，无论怎样都不要撕破脸，有再大的冲突，也要互相留下一张脸皮，以免事后尴尬。即使离开企业，也要给自己留下个好名声，说不定另外一家企业的人力资源部在你即将赴任新岗位的时候，对你作背景调查。面对矛盾，要相信时间会验证彼此的真诚。有些东西，该是你的，最终还是你的。

第二节　厚德载物，宁静致远

在职场里，大智若愚是一种境界，一定要有大智慧！这种境界需要修炼和沉淀，没有哪个成功人士是一帆风顺的，蜕变与修炼让你变得百毒不侵。

每个人都有自己的性情。职场里讲的是以和为贵。企业老板看重的是有德有才的人，因此强调职业经理人对企业的忠诚度。没有忠诚度的职业经理人，能力越强对企业的破坏性也越大。因为一个成功的老板一般都经历过职业经理人的背叛，最后经理人离开公司后成了企业老板的对手。一朝被蛇咬，十年怕井绳，最后成了惊弓之鸟，对谁都提防三分，对谁都没有绝对的信任。其实，作为职业经理人，多站在老板的角度换位思考，老板的这种性情及表现是完全可以理解的。因此在羽翼未够丰满之前，提醒职业经理人切勿意气用事。

有一句话可能职业经理人不是非常地认同，是一个朋友的父亲和我一起共事时告诉我的，他说：在职场里要勤勤恳恳做事，夹着尾巴做人。简单地理解是高调做事，低调做人。这句话不无道理。其实在职场里我因为自己的性格也没少摔跟头。摔得多了，就摔出经验了。在职场里，有三不原则，不该说的不说，不该问的不问，不该看的不看。国有企业对三不原则要求得更高。所以在职场要低调，要谦和，要诚信，要努力！

在职场里，职业经理人之所以职业化，是因为他们具备了良好的专业能力和职业操守！企业也把职业经理人的德才兼备视为珍宝。职场里有那么多的酸甜苦辣，要在不断的成长历练中提高自己的职场修为。本节标题的八个字，厚德载物、宁静致远，意喻职业经理人或高管的高风亮节。我们来追溯这八个字的起源与含义。

“厚德载物”语出《周易》：“君子以厚德载物。”意思是说，以深厚的德泽育人利物，今多用来指以崇高的道德、博大精深的学识培育学子成才，包括现在清华大学的校训也是“自强不息，厚德载物”。“厚德载物”在这里就是指道德高尚者才能承担重大任务。人有聪明和愚笨，就如同地形有高低不平，土壤有肥沃贫瘠之分。农夫不会为了土壤贫瘠而不耕作，君子也不能因为愚笨而放弃教育。天地间有形的东西，没有比大地更厚道的了，没有什么不是承载在大地上的。所以君子处世以厚德对待他人，无论是聪明、愚笨还是卑劣的都要给予一定的包容和宽忍。

“宁静致远”出自诸葛亮54岁时写给他8岁儿子诸葛瞻的《诫子书》。

夫君子之行，静以修身，俭以养德。非淡泊无以明志，非宁静无以致远。夫学须静也，才须学也，非学无以广才，非志无以成学，淫漫则不能励精，险躁则不能冶性，年与时驰，意与日去，遂成枯落，多不接世，悲守穷庐，将复何及！

意思是：君子的操守，（应该）恬静以修改完善自身，俭朴以淳养品德。不淡泊就不能明晰志向，不宁静就不能高瞻远瞩。学习必须静心，才识需要学习，不学习无从拓展才识，不立志不能学习成功。沉迷滞迟就不能励精求进，褊狭躁进就不能冶炼性情。年年岁岁时日飞驰，意志也随光阴一日日逝去，于是渐渐枯零凋落，大多不能经时济世，可悲地困守着贫寒的居舍，那时（后悔）却哪里来得及！

宁静致远：其意是要求人们，静下心来，潜心苦学，冷静地观察世事的变化，唯如此，才能高瞻远瞩，明察秋毫。

不把眼前的名利看得轻淡就不会有明确的志向，不能平静安详全神贯注地学习，就不能实现远大的目标。

中国的文化源远流长，多么经典的语言啊！厚德与宁静如一盏明灯昭示着职业经理人的职场之路啊。现在的企业都很重视培训，除了相关的专业课程之外，关于职业化、团队建设、心态再造、职业道德的课程都非常的普及。其实人才的“品德”是企业老板重视到眼珠子里的课程，因为职业经理人的品德是决定能否和企业共患难的基石，同时也是决定能否双赢的根本。接下来咱以两个小案例加以说明。

案例 1：职业经理人最后的道德底线哪里去了

广东某建筑公司的一个高级工程师，和公司同甘共苦成长，把公司做得非常有规模的时候，他也到了快退休的年龄。他一生都兢兢业业，认真刻苦，做出来的工程各个都是非常的优秀。有一天，董事长叫他到自己的办公室，给他说：你也到了退休年龄了，不过我还是有个非常重要的工程交给你做，我最近在海边买了一块地，你帮我在那里建一套别墅，你就可以退休了。建筑师接到这个指令后就开始进行项目操作，他想到自己也快退休了，这是最后一个工程，该松口气了。于是他把不该省的都省了，而且材料也用得非常劣质，明显的豆腐渣工程。工程结束他拿着别墅的钥匙推开了董事长的办公室，说：别墅我建好了，这是别墅的钥匙。董事长满怀深情地说：你和我打拼了这么多年，非常的辛苦，我想给你一个惊喜，这套别墅是我代表公司感谢你同企业辛苦劳作几十年的礼品，送给你的。这套钥匙是属于你的。工程师惊呆了，流出了悔恨的泪水……

案例 2：员工为何从忠诚到背叛

深圳有家电子企业很重视员工的技能培训，几年下来便拥有一批得力的技工。他们成为了生产骨干，很能解决问题，一时间订单不断，利润大增。老板欣喜若狂，对这批骨干宠爱有加，频频加薪宴请，嘘寒问暖，劳资双方真个如胶似漆，宛如蜜月情侣。老板颇为得意：一手抓金钱，一手抓酒瓶，还怕你们不卖命？谁知好景不长，那个技工部的高级经理本是老实人，但几年下来满脑子只有钞票美酒，本分的他逐渐变得自私贪婪，眼珠子整天贼溜溜地转。和老板酒酣耳熟之际竟萌生了歪念：我有一批骨干，老板没我不行，何不敲他一杠？开始时借意暗示，果然得手；继而便公开讲数，得寸进尺，私欲一发不可收拾，稍不遂意便带头怠工，再以集体跳槽相威胁，最后竟然在外商验货之际做了手脚，使企业损失惨重。老板怒不可遏，把这批技工和经理全部炒掉，企业元气大伤。遭此一创，老板心中阴影难消，再招技工时竟颇为踌躇。而那批被炒的人今后要改邪归正，做个有技术有品德的好员工，恐怕也不易了。

这就是典型的例子，技术良好但品德不高，会做事但不会做人。出现这种情况的一个重要原因是，很多企业的培训理念和内容有缺陷，没有把做事和做人统一起来，也就是说没有把做人的品质和心态放到第一位。而解决方案，我看有如下几点：首先对下属进行职业道德培训和心理辅导，即提高下属的情商，而老板也要有远大目标、宽大胸怀和博大爱心。其次，企业应开展员工素质教育，有条件的应系统授课。坚持以情动人、以理服人、以正胜邪、以心换心的理念，营造良好而稳固的企业人文环境。最后，要把教育培训与待遇、管理、奖惩、升降和为员工排忧解难等问题糅合起来，形成系统工程。

职业经理人的操守决定了经理人职场的生命力。职场里做到了高管，切记要锐气藏于胸，也就是说职业经理人一定要有锐气，没有锐气就没有生命力。但是，运用锐气要有智慧，智慧就是“藏”，要把锐气藏在胸中。如果放在外面，咄咄逼人，不仅会伤别人，更容易伤自己，而藏起来，就能成为最大的生命力。职业经理人同时要把和气浮于脸：跟人打交道，要学会一团和气。和气能使人更容易接纳你，为你打开更大的职场空间。要学会换位思考，更要学会包容和理解……

第三节　低头拉车，抬头看路

北方有一句谚语：拉了磨还挨磨棍！这句话是有出处的，多指上套拉磨的驴，干完活还挨打的意思。在职场上，是不是事情做得越多越好呢？也许很多人都认为答案是肯定的，其实不然！在职场上，多劳不一定多得，做得多不如做得对。做错误的事情，做得越多错得越多。努力工作的第一个误区，就是死钻牛角尖。有些人做事情很执著，不撞南墙不回头，甚至别人告诉他这事情错了，还不知悔改。

当然，这么偏执的人往往在研究工作上获得成功。但是在职场上，可以获得巨大成功的人都是圆滑和变通的。一件错误的事情，就算重复一万次那还是错的，而且错误会越积累越大，直至无法收拾。你重复做错事，最后结果变成对的概率极小极小，而你因滚雪球般的错误而在职场失败的可能性却很大很大。

职场并不是个坚持自我的地方，这和搞艺术、做研究完全不同。职场的重点不在于你坚持什么，而在于你怎么处理各种关系。

当老板说你错了，那你就是错了，不要争辩，停止在做的事情。当超过两个同事说你做错了，你一样要停下，明白了吧！问题并不在于事情的对错，问题在于你能不能承担这个错误的结果。你不听人们劝告继续下去，如果你对了，只会遭人嫉恨，一旦你错了，这个结果将难以承受。

职业经理人的工作态度

职业经理人的工作态度要同普通职业人有差异。

一个职业经理人对待工作的态度究竟应该是怎么样的呢？他看上去应该很勤快，但实际做的事情并不多，他在短短的时间内，就可以完成别人觉得很艰难的事情。他付出的心血和精力比别人要少些，但获得的回报却是别人的好多倍。职业经理人常常会夸奖同事，并且把手上完成不了的工作交给同事，你每天都能从他嘴里听到美妙的赞扬。职业经理人永远都有一件正在进行的工作，但当某个非常重要的工作出现时，他又总能排出时间来，把最重要的工作完成。

由此不难看出，职业经理人和普通人之间有个非常大的区别。普通人在职场中，是接活做，也就是上司分配什么，他做什么，没有选择的余地更没有应对的措施。而真正的职业经理人却并非如此，他们在做的永远都是自己想做的，他们不是接活做，而是拿活做。一个字的差别，却有天壤之别。

他们或许和你一样，老板都会安排工作，但一个职业经理人对于自己不想做的事情，却总有应对措施。你仔细观察就会发觉，他们并不都是逆来顺受，什么工作安排都接受，就算接受了，也并非都会完成，就算完成了，也不是他们自己做的。他们真正具备了用别人脑袋赚钱的本领，也真正地领悟了职场的资源整合理念。

低头拉车是本能，抬头看路是智慧

我在给企业中高层培训的时候，经常会有一个讨论，主题非常的简单，就是“集思广益：任何小事都不要疏忽了创意”。具体的操作是：请在“口”字上加两笔，变成另外一个字，在三分钟内，大家先独自做，时间到后，报出各自的字数（不要报具体是哪些字），再在三分钟内，各小组集体讨论，报出小组的字数，并写出想到的字，应该比个人做的结果多。对最多的那组进行奖励。

本主题讨论的目的是考察小组成员之间的独立思考和团队的分工合作能力。我是按项目完成情况给予奖励，没有参加过这个讨论的人做梦也想不到结果是什么样子的。

现代企业培训，一般都是以小组讨论的方式编排座位。常规都是用电脑制作成PPT版的课件，然后通过投影仪放射到屏幕上。

第一个环节过后，大部分人都写了不到十个口字加两笔的字，我让大家都停下，然后我说：“一个人的能力是有限的，接下来由各小组组长带领你们的小团队完成38个口字加两笔后的字。要当成项目来完成，要学会资源共享，要注重团队协作，优胜的小组有奖励——开始!”话音刚落，就看到一个小组几个脑袋“唰”的已经围成了一个圆圈。然后每个人拿出刚才各自的成果在凑结果。就在每个小组脑袋挤在一起的时候，我已经用翻页笔打开了答案。我在小组之间穿梭，没有一个人会去看屏幕的答案。我口口声声地说，要找方法，要资源共享，要获取信息，要团队协作。十分钟的时间我重复这些话几十遍，可是结果到时间的时候几乎都没有小组按时间要求完成项目，差点没有把我的鼻子给气歪。后来每次做到这个主题讨论的时候结果都差不多——都是以失败告终。

在解析整个主题讨论的过程中，我告诉大家，作为职业经理人或高管，千万不要把简单的事情复杂化，也不要把复杂的问题简单化。调动下属的积极性很容易，要想正确地做事，首先要有正确做事的方法。中国文字都是讲究偏旁部首的，上下结构、左右结构等是有方法可以寻找的，可是为了结果，大家乱成一锅粥。没有一个小组会从方法上解决问题。况且我宣布开始的同时，答案就已经出现在屏幕上了，可是没有人看到，准确地说，根本就没有人看。由此，可以想象到大家工作的风格是怎样的。我反复强调不要低头拉车，要学会抬头看路。现在是什么年代？是信息年代，是资源共享的年代。

低头拉车要会拉，抬头看路要会看。拉有用的车，看光明的路。职场里总是风云变幻，首先要学会保护自己。一个连自己都保护不了的人，何谈保护别人。职业经理人或者高管都工作了多年，周而复始地忙忙碌碌；生活的惯性，不由自主，日趋单调和沉闷。拉着沉重的车，直到精疲力竭，油枯灯暗。

其实在职场里，从另一个角度看，方法永远比困难多。“不能只低头拉车，不抬头看路”，这句话也是毛主席他老人家说的，低头不是委屈自己，勇于接受伊始的不成功，给自己一点儿自信，一切奋斗都不会是枉费苦心；抬头看路，是要看准方向，只有方向对了，才能执著地追求。一定要“胸怀大志，腹有良谋”，所谓的大志，是方向和目标；所谓的“良谋”是方法和措施。凡大成就者，皆低头拉车抬头看路。只顾低头拉车者，没有方向目标，白白付出辛苦；只顾抬头左顾右盼者，不能付诸行动，做不了实事。

因此，作为职业经理人或高管，只有当你充满更多的智慧和经验的时候，你才会变得更自信，拉车的道路也许会越走越宽广，越走越顺畅，得心应手，事半功倍，成功的距离同样也越来越近。

第八步　赢在职场，做心想事成的自己

职场造诣到了一种高度的时候，就已经是一种境界，某种意义上可以说是真正抵达了高管的境界。有一本书中的结尾是这么说的，一个真正的男人应该有足够的勇气闯进暴风雪，风雪过后令爱他的女人提起他的名字就能哭出声来。能令自己的女人提起自己的名字都能哭出声来，这是什么？这是大爱，而且是刻骨铭心的大爱！一个真正的高管，在职场里策马扬鞭，纵横四海，走到哪里都是一种辉煌，职场一路留下的都是闪光的足迹。即使到了暮年，这种辉煌也依然能照亮你的子孙。

现在的人不买股票就买彩票，有人买彩票买了一辈子也没中过什么奖，而河南的一位兄台却中了三个亿的大奖。真是好福气啊，据说中奖者未领奖金就人间消失了，为什么？钱太多——招贼！职场里也是如此，有的职业人做了一辈子也没有什么成就，而有些职业人在职场成了真正的职业经理人，也算修成正果！不同的是前者默默无闻，而后者声名远播，有无数的企业向他敞开大门。何为职业经理人？职业经理是以企业经营管理为职业的社会阶层，他们在道德和专业两个方面具有较高的水准。具体来说，他们具备较高的个人素质、专业技能、管理才能、敬业精神和事业心，具有丰富的工作经验和深厚的理论功底。

职业经理人具备了典型的职场造诣，在行业里可以说是独树一帜，是每一个职业人向往的目标和努力的方向。记得笔者刚来广东前三个月，每天围着一口大锅，煮了三个月的饭。为了脱离苦海，为了寻梦，在第四个月到广州南方人才市场找工作。很清晰地记得，那时候的人才市场没有今天的火爆，那时候人的意识也没有今天的超前，那时候的企业也比今天的企业慷慨。我到了人才市场转了一圈才感觉到自己在那里什么都不是，招聘的岗位以经理级以上的居多。还有一些摊位招聘总经理或者副总经理的，摊位前面都放了几把钥匙，一把是办公室的，一把是车子的，还有一把是房子的。只要你拿下那个岗位，你就是这几把钥匙的主人……不难想象当时企业对高级人才的渴求。

职业经理人想赢得职场的尊严，就得先让自己拥有人格魅力。人在任何时候最难过的都是自己这一关，只要过了自己的关，努力活出自己的风格，职场里自然如鱼得水。做到高管，自然有高管的风范，自身的基本特征与普通职场的人士迥然不同。到了这个时候可以说已经基本达到了自我价值实现。那么职业经理人究竟具备什么样的基本特征呢？这种基本特征的呈现方式又是怎样的呢？

第一节　能力铸造，金盔铁甲

在职场上，作为高管或职业经理人，一定要对职场有清醒的认识，不要生活在梦幻当中，不要太理想化，不要标新立异，不要恃才傲物，不要认为有能力就可以走遍天下。专业技能固然重要，但是职场的巅峰发展看的是一个人的综合素质。综合素质高的人，才是职场里的“黑马”。这些综合素质，包括沟通能力、人际关系能力、团队合作能力、管理能力、工作态度及敬业精神等各种“软实力”。对于有些朋友而言，可能会对这些“软实力”不屑一顾。很多人会说，如果老板喜欢爱拍马屁的人，难道我就要委屈自己，学着去拍马屁？很不幸，我会告诉你，答案是肯定的，你一定要学会拍马屁，否则吃亏的是自己。但要声明的是，我不是教你学拍马屁。中国有句成语，叫外圆内方，用在人际交往上，就是说你与人相处要学会妥善处理各种关系，但不可因此而失去了内心的准则，否则就变质了。作为高管，人际关系的处理就是决定命运的金牌，尤其在中国这种注重人情的社会。如果有时间，不妨也看看《厚黑学》，了解一下社会现实，但切忌不可因此而迷失了自己。

我们就职业经理人的“软实力”用一张图表来表示：

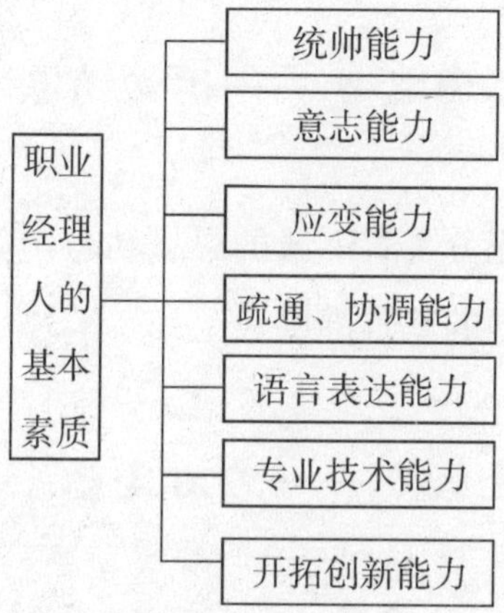

职业经理人的“软实力”

1. 统帅能力——运筹帷幄

统帅能力放到了职业经理人“软实力”的第一位。

一个职业经理人如果没有统领下属的能力，那你就不是一个真正的领导者。要有宏观的管理理念，更要有洞察全局的判断。遇事要有当机立断的决策能力，更要懂得知人善任。

2. 意志能力——百折不挠

职业经理人要有跌倒了再次爬起来的意志与勇气，愈挫愈勇，屡败屡战，要有坚定的信念，对目标有着执著的追求。

3. 应变能力——随机应变

应变能力体现的是，不例行公事，不因循守旧，不墨守成规，对复杂的“突发事件”和“非规范问题”果断处理。审时度势，“你变我也变”，但不抛弃原则，不放弃目标。

4. 疏通、协调能力——游刃有余

要懂得尊重下属，充分了解下属的思想动态，多给予，少索取。同时协调能力也是验证一个领导的基本准则。

5. 语言表达能力——左右逢源

前面已经就领导的语言魅力介绍了很多，一个真正的领导是从来不在下属面前发威的，风水轮流转，说不定哪天他就成了你的上司，尤其在国有企业里面更是如此。待人要笑口常开，不说伤人的话。作为一个领导者，要讲究语言的逻辑性。

语言的幽默是化解矛盾最好的良药。作为经理人，不像一般员工什么话都可以说，什么牢骚都可以发，你的语言就是你身份的写照。说的话要和自己的身份匹配，作为领导你说得多了就不值钱了，下属是无法判断你哪句话应该重视哪句话不必重视，夸夸其谈只会暴露你的不足，且给下属发现你的弱点。到对质的时候，你曾经说过的话也许就会对你造成负面的影响……

6. 专业技术能力——扎实全面

职业经理人之所以能成为职业经理人，就在于他具有经理人必备的专业素质，职业经理人的专业素质除包括良好的管理素质以外，还包括良好的业务素质，这一点对职业经理人是非常重要的。良好的业务素质既是职业经理人准确判断市场、合理规划、正确决策的基础，更是吸引下属，凝聚团队，获得尊敬的核心武器。

7. 开拓创新能力——锐意进取

不破不立，创新能力是对职业经理人的一种考验。通常下属都非常希望追随有开拓创新能力的上司。只有创新的领导，才能带领下属走向辉煌。敢于创新，张扬个性，但不要天马行空不着边际地创新。创新和改革同义，只要站在企业和下属的角度考虑问题，要依赖组织的支持，创新才能取得更大的成果。

第二节　借船出海，乘风破浪

《三国演义》有一著名的案例“草船借箭”，大概过程是这样的：周瑜十分妒忌诸葛亮的才干。一天周瑜在商议军事时提出让诸葛亮赶制 10 万支箭。诸葛亮答应三天造好，并且立下了军令状。诸葛亮事后请鲁肃帮他借船、军士和草把子。第三天，诸葛亮请鲁肃一起去取箭。这天，大雾漫天，对面看不清人。天还不亮，诸葛亮下令开船，并让军士擂鼓呐喊。曹操疑为埋伏，只叫弓弩手拼命朝来船射箭。后来，船两边都插满了箭，诸葛亮下令回师，这时曹操想追也来不及了。10 万支箭“借”到了手。周瑜得知借箭的经过后长叹一声：我真不如他。草船借箭带给人们的寓意是，惊人的机智，巧妙的计谋，形容运用智谋，凭借他人的人力或财力来达到自己的目的。

职场里的人士或许都明白一个道理，“工”字不出头。作为职业经理人或高管即使已经能呼风唤雨，即使能拿到很高的年薪，但是也不要忘了自己的角色，毕竟还是端着别人的饭碗。你的神通广大还是别人给的舞台。你是在借企业的东风来成就自己。一个“借”字，道出职业经理人或高管无尽的艰辛与无奈。多年的职场打拼也未必能积累下钱财，因为如果你把钱看得很重，你就很难赢得人脉，如果你赢得了人脉，就容易散尽钱财。这是辩证的。一个“借”字又蕴藏着更多更大的机遇，只是看你会借不会借了。在广东据我所知，很多的企业老板都是当年职场的精英，或是营销的高手，或是管理的智囊，或是生产的高管，或是技术的权威。他们最终充分利用自己的优势，从无到有，从小到大，最后成为各行业的企业家。

那么如何才能“借”到真正的本领？该怎样把借的东西市场化和商业化呢？这是每一个从业多年的职业经理人或高管共同面对的问题。所以职业经理人或高管如果想还有更为远大的抱负就要学会三借：

1. 要学会借鸡下蛋

简单地说就是“借”资源。“借鸡下蛋”就是借别人的有利条件。我这里谈到的是，职业经理人或高管在职场里结识了形形色色的人，这些就是你日后发展的人脉资源，真正的高层就是要会整合资源。这种人脉资源包括各类的客户群，如供应商、代理商、终端客户等。无论你走到哪里，客户都认可你的人格魅力，并且会追随你，对你有非常大的信任度。一旦时间和机会成熟，他们就是你的金鸡。通过整合别人的资源变成一只给自己下蛋的“鸡”，发挥智慧让这些“鸡”多下蛋、下好蛋。

2. 要学会借力打力

通俗地讲就是借经验。借力打力，是为了保存自己的实力而巧妙地利用矛盾为自己服务的一种谋略。借力打力，巧在一个借字，但借力必须有条件，或陈明利害，或许以重利。一个人的智力和阅历是有限的，因此，职场里的职业经理人或高管当时机还不成熟的时候，千万不要死拼、硬拼个人的力量去做一件事，否则会以失败而告终。要运用“借”的手腕，巧借他人之力，行自己之意，从而为自己找到一条更好的道路。在企业失败或存在的问题中寻求解决问题的方法，方便日后不重蹈覆辙。

3. 要学会借船出海

有头发谁也不装秃子，就是没有船才想着借船。职业经理人或高管和企业同船共渡了很多年，一定要学会借企业这条船完成自己的梦想。虽然没有独立驾驭过企业这艘船，毕竟有过航海的经历。这本身就是一种财富。

三借的中心思想就是要你在未来职业规划或者事业规划中，缺什么要懂得借什么，要给自己信心和勇气，要有坚强的意志，乘风破浪，去开拓新的人生旅程。

第三节　如日中天，风生水起

我们可以看到一种现象，潮汕人打工的很少，或经商或从政。他们从小就开始站在柜台或店铺帮家人料理商贩事务，从小就信奉“宁做鸡头不做凤尾”的人生理念，骨子里都蕴藏着经商的惊人智慧。因为有这种理念的支撑，多年后，长大成人也就真的从了商或者从了政。李嘉诚先生就是典型潮汕人的风格，赢得财富的同时也赢得了骄傲和尊严。常言道：笑贫不笑娼。“娼”当然靠丧失尊严用皮肉获取钱财，好不到哪里去，可是穷在当今社会真的让人寸步难行，一分钱难倒英雄汉啊！职场里的经理人或高管已经到了不再为五斗米折腰的境界，高调地说就是职场生涯趋于成熟和稳定，但还不等于已经走向了真正的自我价值实现。

我的母亲是信佛的。记得那是 2005 年年底的一天晚上，我出差回到家里，非常的累，当着母亲的面，我抱怨自己为什么这么辛苦，大把的钱也没有装到自己口袋里，每天在外奔波，到底图的是什么呀？我母亲看到在抱怨累、抱怨没有赚到钱的儿子说：“儿子，你是一个男人，别抱怨辛苦和累，现在的人没有累死的。公司没有挣到钱也没什么，你要学会知足。钱多少才是个多啊，你的公司养了那么多人，每个人也都有自己的家庭，你在行善啊。你还有什么放不下的呢。”这几句话确实没有华丽的辞藻，但是我忽然明白了老人的另外一种含义。人是为了责任而来到这个世界之上的，除了家庭责任，还有一个很深的社会责任压在我们每一个人的身上。如果有能力的话，说回报社会可能高调了些，但是行善是“本”啊。很多企业家当金钱对自己而言只是一个数字的时候，就开始更多地考虑做公益事业了。

“如日中天”顾名思义就是说好像太阳正在天顶，比喻事物正发展到十分兴盛的阶段。到了职业经理人或者企业高管这个阶段，你的职业生涯已经到了一个比较高的境界。常言道：三十而立。而立之年不单指成婚生子，还有一层意思就是指有了自己的事业基础。除了国有企业的高管外，更多的职业经理人开始运筹帷幄，筹划自己如何“逃出升天”。那么建造自己的事业王国的第一步该怎么走呢？这也是摆在诸多有远大理想和抱负且准备创业的人面前的一个重要命题。“创业”说复杂很复杂，说简单又非常的简单。在这里笔者告诉职业经理人创业的速成方法，创业面临的问题有三个：一是立项、二是资金、三是运营。这三个问题我们逐步分解一下：

立项：想做什么样的公司，能做什么样的公司，首先要考虑的就是自己的优势和专业，不熟不做，没兴趣不做，没前途不做。这也是立项的三不原则。立项之前首先要做市场调查，对市场行情要有一定的了解，其次结合自己的专业优势充分评估项目的可行性及未来能给自己带来的效益。要审时度势，要有计划与目标的分解。

资金：这个问题是每个创业者共同面临的最尖锐的问题。没有钱办企业等于是画饼充饥、纸上谈兵。但是创业初期，拿出更多的钱是不可能的，创业本来就是艰难的，要有充分的思想准备。很多大中型企业倒闭的最大原因就是资金链出现问题。小企业船小好掉头，创业的时候要把钱用在刀刃上，能省就省，能简就简。比如创业注册就不需要把大量的资金放到账户上，可以引用中介，然后自己手上有一定的流动资金就可以了。如果想把公司做得体面点，就找一两个合作伙伴，切记要找有钱的、有兴趣的、有胸怀的、有专业的，还要找有资源和资金的。要情投意合，否则公司开起来了，后面的问题也就更多了。其他问题都不是问题，最大的问题就是和合作伙伴的冲突与矛盾。这个问题解决不了，企业是无论如何都做不起来的。一旦资金问题解决了，后面的问题也应该不是问题了。

运营：项目运营初期，老板根本就不是老板，是身兼多职的杂工，要吃苦耐劳，谈项目走市场是非常的重要。第一桶金没有那么容易到手的。要考虑人力资源成本，从主营项目上下工夫，要体现自己项目的亮点和优势。只有这样才能说服客户接受你的同时也接受你的产品或服务。当然此期间也要用好助手或下属，因为企业就是企业，不是老板一个人打拼就能发展和壮大的。运营的过程中及时调整自己的产品和服务结构。不是你做什么就卖什么，而是市场需要什么你就做什么，客户需要什么你就卖什么。运营其实就是考虑人力资源和产品与客户的有效结合。

最后需要补充的就是创业者的心态，罗马不是一夜之间建成的，要有面对失败的心理准备，不要想着当老板了，就高人一等，当老板就了不得了。俗话说：能大能小是条龙。创业初期就想一口吃个胖子是不可能的。做职业经理人的时候可能看到的，更多的是微观和具体的事情。做老板则要考虑更多的是宏观，当然也包括具体的事情。过程控制很重要，没有好的过程根本就没有好的结果。我的一个二十多年的朋友，最近企业濒临倒闭。原因除了资金链断裂，还有一个很大的问题就是产品质量问题。三年前他就跟我说，质量是坐在客户面前的尊严！他也早发现了这个问题的严重性，但是最终也没有把实质的问题加以解决，最后还是栽在了产品质量上。创业允许输，输掉钱财并不可怕，但不要输掉自信和志气，更不能输掉心态和目标！一个有远大目标的人，不会让失败影响未来的路，更不会让失败打败自己。

人的一生非常的短暂。很多人都会问：人活着究竟为了什么？每个人的价值观各不相同，也没有标准答案，但我知道：人生只是一张单程车票，当你能看懂这本书的时候，你的人生至少已经过了 1/4。世界首富虽然很有钱，但他目前一定没有你富有，因为你比他年轻。假如用生命的天数来计算财富的话，一天按 1 元计算，你至少还有 2 万元左右，但如果你一天花 10

元，一个人很快就花完自己的生命钱。珍惜吧！算一算你生命的天数，你会有种怎样的恐惧感。想一想自己过去的生命，是否有价值，是否应该珍惜未来的每一天，你还有多少的梦想没有实现？不要辜负自己，不要辜负家庭，不要辜负社会，因为毕竟自己在人世间真真正正地走过一遭，做到“无悔”两个字足矣。

职场是生命历程中的必经之路。成就梦想，从这里开始；成就梦想，从这里结束……